KB040618

과학기술의 시대

사이보그로 살아가기

임소연

생각의힘

차례

머리말 – 왜 사이보그인가?

사이보그는 우리와 멀고도 가까운 존재이다. 우리는 수많은 SF 영화와 소설, 애니메이션 등을 통해서 다양한 형태의 사이보그들, 즉 우리와 똑같은 인간은 아니지만 그렇다고 해서 인간과 전혀 다르다고도 할 수 없는 존재들을 접해 왔다. 이 때문에 상상 속에서는 사이보그의 존재가 익숙하다. 그러나 실제로 우리의 일터나 가정에서 사이보그라고 부를 만한 존재들이 있는가 하면 그렇지 않다. 인간과 기초적이나마 대화를 나누고 인간이 원하는 임무를 수행하는 로봇들도 뉴스에서나 가끔 볼 수 있다. 컴퓨터 기술이 하루가 다르게 발전하고 있다고 해도 여전히 어떤 최고 사양의 컴퓨터도 주인인 내가 전원을 꺼버리면 그만

| 인간을 인간으로 만드는 것은 무엇일까? 어떤 인공물의 흔적도 없이, 발가벗은 채 숲에 모여 앉은 한 무리의 인간들을 상상해 보자. 이 사진 속 원숭이들과 얼마나 다를까? 기계나 사물과 연결되어 있지 않은 인간은 그저 털이 덜 난 원숭이에 불과할지도 모른다. 그런 의미에서 과학기술 시대의 인간은 영장류보다는 사이보그에 더 가깝다.(자료: shutterstock)

인 존재에 불과하다. 이렇게 보면 사이보그는 아직 우리 현재의 삶과는 꽤 먼 존재라고 할 수 있다.

그래서 우리는 영화나 소설 속의 사이보그들을 보며 평소에는 하지 않았던 질문들을 던지는 자신을 발견하곤 한다. 인간이란 도대체 무엇일까? 미래의 우리 모습은 어떨까? 과학기술이 이렇게 발전해도 괜찮을까? 등등. 예를 들어 집안일을 대신해 주는 사이보그를 보면 갖고 싶다는 생각을 하다가도 인간을 지배하려는 초인간적 사이보그를 보면 불쑥 기계화되어 가는 사회가 걱정스럽기도 하다. 그러나 영화관의 불이 켜지거나 소설책의 마지막 장을 덮고 나면 그 내용이 얼마 지나지 않아 잊혀지는 것처럼 상상 속 사이보그가 불러일으키는 심오한 성찰, 기대, 두려움 등도 그리 오래가지 않을 것임을 잘 알고 있다. 사이보그와 관련된 문제들은 언제나 아직은 일어나지 않은 일이다.

그런데 사이보그가 지금 여기에 있다면 어떨까? 지금 이 글을 읽고 있는 당신이 사이보그라면 어떨까? 지금 이 글을 쓰고 있는 내가 사이보그라면? 나는 지금 책상 위에 노트북을 올려놓고 눈으로 화면을 보고 손가락으로 자판을 두드리며 이 글을 쓰고 있다. 그런데 지금 내가 이렇게 글을 쓰고 있는 행위는 어디까지가 노트북이 하는 일이고 어디까지가 나의 노동인가? 단순히 나의 머릿속에 있는 생각들을 자판으로 입력하고 있을 뿐이라면 펜을 들고 종이 위에 쓴다고 해도 동일한 글을 쓸 수 있어야 한다. 그렇다면 생각하는 것은 나의 일이고 그것을 전자문서에 입력하는 것은 노트북의 일이라고 분명히 구분할 수 있고, 노트북은 눈에 보이지 않는 나의 생각을 눈에 보이는 글자로 옮겨 주는 단순한 도구가 된다.

그러나 상황은 그리 단순하지 않다. 나는 노트북 없이는 글을 쓰지 않는다. 내가 손에 펜을 들고 원고지 위에 글을 쓴다는 것은 상상하기조차 어렵다. 그러나 때로 아무것도 머리에 떠오르지 않을 때에도 노트북을 켜고 전자문서 파일을 열면 무언가가 써지기도 한다. 다시 말해 연구실 책상에서 커피 한 잔을 옆에 놓고 노트북을 부팅시킨 후 워드프로세서 창을 열고 인터넷에서 스트리밍 받은 음악이 크게 나오는 이어폰을 귀에 꽂고 노트북 자판에 양손을 올려야만 나는 '글을 쓰는 사람'이 될 수 있다. 마치 나의 몸-책상-커피-노트북-이어폰이 하나의 존재인 것처럼 연결되어 함께 작동하는 것이다. 이런 의미에서 보면 아마 누구도 자신이 순수한 인간이라고 주장하기 힘들어질 것이다. 단지 그 기계와 사물들이 나의 몸 밖에 떨어져 있다는 이유로 아무도 나를 사이보그라고 부르지 않을 뿐이다.

이 책은 지금 여기에 있는 우리의 이야기이다. 우리의 상상 속 미래 사회가 아닌 '지금 여기'에 있는 사이보그에 대한 이야기이다. 인공지능 로봇이나 전자칩 또는 인공장기 등을 이식받은 인간은 극단적인 형태의 사이보그이고, '인공물'이 없는 삶을 상상하기 힘든 우리 자신은 훨씬 더 일상적이고 흔한 사이보그이다. 여기서 인공물은 SF 영화 속의 최첨단 과학기술일 필요가 전혀 없다. 인공물은 다른 인간(과학자, 엔지니어, 유지보수자, 유통업자, 판매자 등)과 더 많은 다른 인공물들에 의해서 만들어진, 그 모든 존재들의 시간과 자본 그리고 노동과 물질 등이 압축된 존재이다. 안경을 쓰고 사물을 보는 행위가 사이보그적인 이유는, 단순히 시각적으로 보았을 때 안경이라는 사물이 인간의 육체에 부착되어 있기 때문이 아니라 안경을 통해 '본다는 것'이 안경을 사용하지 않고 보는 것과는 다른 '잡종적인 행위'가 되기 때문이다. 즉 안경이라는 기술적 인공물은 안경을 제작하고 유통하고 판매하는 데에 동원된 사람과 사물, 지식, 시간 등이 압축된 존재이므로 안경을 통해 보는 것은 단순히 맨눈으로 보는 것과는 달리 자신의 몸의 경계를 넘어선 세상과 관계를 맺는 행위가 된다. 마찬가지로 과학기술의 시대는 우리가 수많은 다른 존재들과 훨씬 더 복잡하게 연결된 시대임을 뜻한다. 사이보그는 생명의 나무 한 가지를 차지하는 종으로서의 '인간'이라는 이름을 대체하는 우리의 새로운 이름이다.

이제 우리 자신이 사이보그라고 생각하고 세상을 바라보자. 우리가 관심을 가져야 하는 것은 우리가 지금 사용하고 있는 과학기술이고 우리가 지금 그것들과 맺고 있는 관계이지 미래의 다른 세상에 존재할지도 모를 사이보그들이 아니다. 왜냐하면 결국 우리의 결함이나 장애를 극복하게 해 줄 사이보그도, 우리를 지배할지도 모를 사이보그도, 지금 여기에 있는 과학기술에서부터 시작하는 것이기 때문이다. 우리의 현재는 미래의 과거이다. 그리고 과학기술은 이미 우리 삶의 일부이다. 그것은 두려워할 대상도 아니며 그렇다고 우리가 원하는 대로 모든 것을 이루어 주는 도구도 아니다. 그러나 과학기술을 거리를 두고 바라보는 순간 그것은 세상에 존재하지 않는 유토피아와 디스토피아 속의 존재가 된다. 사이보그를 하루하루 바쁘게 살아가는 나와는 상관없는 존재, 인간이 아닌 다른 존재라고 선을 긋는 순간 그 선 안쪽의 차이는 뭉개지고 선 바깥쪽의 존재들과 우리 사이의 차이만 눈에 보이게 된다. 인간과 인간이 아닌 것, 자연과 자연이 아닌 것, 기계와 기계가 아닌 것 등으로 둘로만 나누기에는 세상에 너무나 다양한 차이들이 존재함에도 불구하고 말이다. 그 작은 차이들을 감지해 낼 수 있는 가능성이 바로 사이보그에게 있다.

사이보그의 몸과 눈으로 세상을 보면 지금까지 영화나 소설 속 사이보그를 보며 던졌던 질문들과는 사뭇 다른 질문들이 떠오른다. 사이보그적 질문은 인간과 과학기술에 대한 질문이 아니라 오히려 인간들에 대한 질문이다. 과학기술의 경계 너머에 있는 인간은 모두 동일한 인간인가? 우리는 원하든 원하지 않든 성별, 피부색, 나이, 빈부, 직업, 사회적 지위, 장애 여부, 국적 등으로 구분되고, 대부분 그에 따라 다른 삶을 살아간다. 미국의 가난한 흑인 장애여성과 한국의 부유한 고위 공무원 비장애남성이 어떻게 과학기술과 동일한 관계를 맺고 살아갈 수 있는가? 동질화된 하나의 인간을 전제로 하는 과학기술에 대한 질문보다는 인간들의 수많은 차이를 염두에 두고 과학기술을 바라보아야 하는 이유가 여기에 있다. 그런 의미에서 사이보그는 인간을 구분 짓는 수많은 경계와 차이, 그로 인한 차별과 위계를 끊임없이 상기시키는 존재이며 그렇기 때문에 정치적인 존재일 수밖에 없다.

1985년에 페미니스트이자 과학기술자인 도나 해러웨이(Donna Haraway)가 「사이보그 선언(Cyborg Manifesto)」을 발표한 이후 사이보그는 과학기술 시대의 새로운 정치적 주체로 재탄생하였다. 본문에서 자세히 소개하겠지만 해러웨이 이후로 사이보그는 주로 페미니스트 과학기술 연구에서 논의되어 온 것이 사실이다. 따라서 이 책 역시 그러한 연구들을 주로 다루게 될 것이다. 그렇다고 해서 사이보그가 여성과 페미니스트 프로젝트와 관련되어서만 의미가 있는 것은 아니다. 이 책에서는 오히려 지금까지 사이보그가 친과학기술적인 페미니스트 주체나 최첨단 과학기술의 상징 등과 같이 한정된 주제 안에서 논의되어 왔음을 인정하고, 사이보그에 대한 이야기가 과학기술과 관계를 맺고 살아가는 인간과 세상에 대한 고민으로 확장되어야 함을 주장하고자 한다.

이 책에서 사이보그는 다음의 두 가지 의미를 모두 갖는 존재로 다루어진다. 하나는 존재적 형식으로서의 사이보그이다. 예를 들면 실제로 존재하든 허구적 상상 속에 존재하든 독립적인 인공물(안드로이드 로봇이나 인공지능 컴퓨터 등)의 형상을 띤 존재를 말한다. 더 나아가 인간과 기계 또는 동물과 기계 등 인간과 비인간적 존재들 간의 결합을 통해 탄생하는 혼종적 주체를 가리키기도 한다. 그러나 이 책에서 더욱 중요하게 다루고자 하는 사이보그는 은유로서의 사이보그이다. 즉 사이보그는 존재적 경계를 넘어서는 관계 맺기에 대한 비유적 표현이다. 은유가 필요한 이유는, 전통적인 이분법적 구분(자연 대 문화, 과학기술 대 사회, 기계 대 인간, 남성 대 여성 등)을 넘어선 존재들이 서로 관계를 맺고 있음을 표현할 수 있는 언어가 아직 없기 때문이다. 예를 들어 성소수자는 남성과 여성의 이분법적인 언어로 지칭할 수 없는 주체들을 표현하는 불완전한 언어이다. 이와 같이 우리에게는 과학기술(비인간)과 인간으로 명확히 구분할 수 없는 우리의 삶을 기술할 수 있는 언어가 필요한데, 이 책에서는 사이보그가 그 언어의 역할을 할 것이다.

이 책은 사이보그를 크게 제 1세대, 제 2세대, 제 3세대로 구분하고 1장에서는 제 1세대 사이보그를, 2장과 3장에서는 제 2세대 사이보그를, 그리고 4장과 5장에서는 제 3세대 사이보그를 각각 설명할 것이다. '세대'의 구분은 사이보그라는 언어가 갖는 풍부한 의미의 '층(layer)'을 보여 주기 위한 임의적인 구분이지 이후 세대가 이전 세대를 대체하거나 순차적으로 진화하였다는 의미는 아니다. 단순하게 말하면, 제 1세대 사이보그는 사이버네틱스 과학의 산물로서의 사이보그이고, 제 2세대 사이보그는 해러웨이의「사이보그 선언」을 통해 재탄생한 사이보그이다. 제 1세대가 잡종적인 존재 그 자체로서의 사이보그라면 제 2세대는 과학기술이 만드는 새로운 주체를 형상화하는 언어로서의 사이보그이다. 이 책이 새롭게 내세우는 제 3세대 사이보그는 과학기술과 인간의 관계 맺기를 통해 일어나는 잡종적인 행위를 상징하는 형상이자 언어이다. 과학자와 엔지니어가 만든 제 1세대 사이보그조차 이미 그 이전의 사람들이 상상해 온 인간과 기계의 관계와 연관되어 있으며, 제 2세대에서 제 3세대로 넘어갈수록 사이보그가 미래에서 현재로, 어딘가에서 일어나고 있는 문제에서 지금 나와 관련이 있는 문제로 변화함을 눈여겨보기를 바란다. 이 책의 목적은 사이보그 기술이나 개발의 역사를 소개하는 것이 아니라 사이보그라는 상징과 은유를 통해 과학기술과 인간이 뒤섞여 있는 우리의 삶을 이해하고 더 나은 세상을 만들기 위해 무엇을 할 수 있을지 상상하도록 이끄는 것이다.

임소연

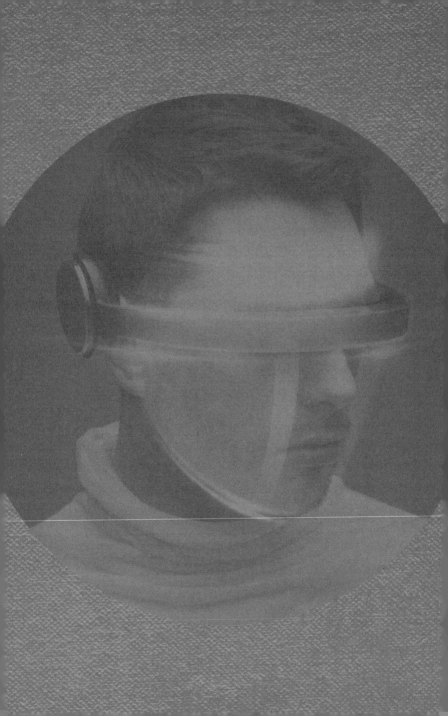

1.
사이보그의
탄생

사이보그라는 암호[1]

—   사이보그는 미국과 구소련 사이에
서 벌어졌던 치열한 우주 경쟁의 산물이다. 따라서 그 단어만
놓고 보면, 사이보그는 20세기 중반 냉전의 역사 이전에는 존재
하지 않았을지도 모른다. 단어의 기원을 엄밀히 따른다면, 사이
보그는 사이버네틱스 기술을 통해서 확장된 유기체의 몸을 지
칭하는 것으로 인간과 닮은 로봇을 가리키는 안드로이드나 인
간처럼 보이는 비인간적 존재를 총칭하는 휴머노이드 등과 구
분된다.

그렇다면 인간의 몸에 어느 정도 또는 어떤 방식으로 과학기

---

1 이 소절과 관련된 더 자세한 내용은 Grenville(2001)을 참조하라.

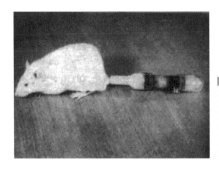

| 최초의 사이보그쥐. 피부 밑에 삼투압 펌프를 연결해서 일정 비율로 화학 성분이 쥐의 유기체 내로 침투할 수 있도록 고안되었다. 본문에 소개되는 클라인즈와 클라인의 공동 논문 (1960)에 실린 그림이다.

술이 개입되어야 사이보그인가? 사이보그의 몸이 어디까지 기계로 대체되어야 사이보그가 아니라 로봇인가? 인간을 닮은 로봇을 만들고자 하는 인간은 누구이며 인간을 닮은 로봇을 두려워하는 인간은 누구인가? 사이보그에 대한 의문은 우리 자신에 대한 것이기도 하다. 인간이란 과연 무엇인가? 우리는 왜 인간과 인간이 아닌 것의 경계를 만들고 싶어 하는가? 우리는 왜 누군가와 같아지고 싶어 하고 또 누군가와 같아지고 싶어 하지 않는가? 우리는 왜 무엇인가를 원하면서 또 두려워하는가? 이와 같이 사이보그는 마치 쉽게 풀리지 않는 암호와 같이 우리의 상상력을 자극한다.

사이보그를 인간의 몸에 대한 기계적 상상력으로 확장하여 해석한다면 사이보그는 사이버네틱스 이전에도 존재하였다. 사이보그는 다름 아닌 서구 근대과학기술의 산물이기 때문이다. 근대과학이 탄생한 16~17세기의 유럽으로 가 보자. 당시 인체에 대한 기계론적 해석은 과학계와 종교계 모두에게 중요한 문제였다. 르네상스 이전까지의 유럽 의학에 큰 영향을 끼친 그리스의 클라우디오스 갈레노스(Claudios Galenos)는 사람이 섭취한 음식이 간에서 혈액으로 바뀐 후 온몸을 돌며, 소모되고 남은 혈액은 심장의 구멍을 통해 사라진다고 생각하였다. 이 이론에 따르면 하루에 간에서 1,800리터에 달하는 혈액이 만들어져야 하는데, 이것은 매일 섭취하는 음식물을 생각할 때 논리적으로 말이 되지 않는 양이었다. 16~17세기 영국의 의사이자 생리학자였던 윌리엄 하비(William Harvey)가 혈액이 인체 내를 순환할 것이라고 생각하였던 것도 그런 이유에서였다. 하비는 혈액이 심장을 거쳐 온몸을 순환한다고 주장하였고 혈관에 가는 철사를 넣는 '결찰사 실험'을 통해서 마침내 혈액이 인체 내에서 한 방향으로만 순환한다는 것을 밝혀냈다.

사이보그는 인간이라는 정체성을 지키려는 집합적인 욕망 및 불안과 함께하기도 하였다. 하비의 인체순환론과 같이 사람의 몸을 물리적 현상의 일부로 이해하고자 하였던 근대과학은 당시 교회의 입장에서 볼 때 마치 현대 사회의 사이보그처럼 인간의 고유함을 위협하는 위험한 지식이었다. 기계론적 철학자로 잘 알려진 르네 데카르트(Rene Descartes)조차 인간과 동물 모두 육체적으로는 동일한 기계론적 원칙에 의해서 작동한다고 설명하면서도, 인간을 단순한 기계인 동물과 구분하여 '영혼이 있는' 기계임을 강조한 바 있다. "나는 생각한다. 고로 나는 존재한다."라는 데카르트의 유명한 명제는 인간의 정체성이 생각

| '시계 여인(L'Horologere)'으로 알려진 작자 미상의 18세기 판화 작품. 질서와 정확함, 그리고 기계화의 이데올로기에 매혹된 산업혁명 직전 유럽인의 상상력을 잘 보여 준다. 프랑스 장식예술도서관(the Bibliotheque des arts decoratifs)에 소장되어 있다.

하는 영혼에 있음을 잘 보여 주지만 그 이전에 인간의 고유함을 어떻게든 찾고자 하였던 그의 욕망과 불안을 역설하는 것이기도 하다.

이후 산업혁명과 자본주의 시대를 거쳐 20세기에 있었던 두 번의 세계대전은 과학기술에 대한 인간의 욕망과 불안을 한층 더 증폭시켰다. 19~20세기의 과학기술은 두 가지 의미에서 인간을 더욱 불안하게 만들었다. 첫째, 과학혁명이 인간과 자연에 대한 생각과 지식의 변화라면 산업혁명 시대의 기계와 공장, 그리고 기관차 등은 일상적으로 경험할 수 있는 변화였다. 즉 과학기술은 종교적인 논쟁을 떠나 더 이상 그 힘을 부인할 수 없는 존재가 되었다. 둘째, 자본주의 그리고 전쟁과 결합한 과학기술은 과학기술에 대한 사람들의 경험을 양극화시켰다. 기계식 공장을 도입한 산업혁명은 한편에서는 기계와 다름없는 생산 수단으로 전락한 노동자 계급을, 다른 한편에서는 기계가 가져온 새로운 경제적 이익과 일상의 편리함이라는 수혜를 받은 중상류층을 탄생시켰다. 또한 전쟁을 통해 과학기술은 누군가에게는 승리의 도구로, 또 누군가에게는 죽음과 파괴의 도구로 인식되었다. 낙관론과 비관론 사이의 간극이 커질수록 과학기술에 대한 인간의 욕망과 불안 역시 더욱 커졌다.

이렇게 과학기술은 사이보그가 태어나기 전부터 인간에게 애증의 대상이었다. 사이보그는 현대 과학이 만든 완전히 새로운 존재가 아니라 인간이 주체로서 자신과 세상을 바라보게 되면서, 특히 서구 근대과학이 발전하고 기술적 인공물이 등장하면서 우리의 상상 속에 그리고 현실 속에 늘 존재해 왔다.

'사이버네틱 유기체'의 탄생

—   잘 알려져 있다시피 '사이보그'는 과학기술의 한 분야인 '사이버네틱스(cybernetics)'와 유기체를 뜻하는 '오가니즘(organism)'의 합성어이다. 이 용어가 처음 등장한 것은 1960년 「우주항행학(Astronautics)」 9월호에 실린 '사이보그와 우주(Cyborgs and Space)'라는 제목의 논문에서이다.[2] 이 논문의

---

2 Clynes and Kline(1960).

공동 저자인 맨프레드 클라인즈(Manfred Clynes)과 네이든 클라인(Nathan Kline)은 "무의식적으로 항상성을 유지하는 통합 시스템으로서 인공적으로 확장된 조직복합체를 지칭하기 위해 우리는 사이보그라는 용어를 제안한다. 사이보그는 새로운 환경에 적응하기 위해서 유기체의 자기조절적 통제 기능을 확장하는 외인적 요소들을 포함한다."라고 적고 있다. 당시 클라인즈는 미국 뉴욕의 로크랜드 주립 정신병원에서 피드백 컨트롤을 연구하던 엔지니어였고, 클라인은 임상정신과 의사이자 정신약리학 전문가로서 같은 병원에서 연구책임자 직을 맡고 있었다. 이 둘은 인간의 생존에 부적합한 우주 환경에서 우주인이 적응할 수 있는 방법을 찾아내는 연구를 함께 수행하였는데 이 논문에서 그들은 최초의 사이보그 유기체로 삼투압 펌프를 이식한 실험실 쥐를 예로 들며 우주를 자유롭게 탐험하는 인간의 가능성을 제시하였다. 이들이 제안한 사이보그에 대한 상상력은 같은 해 6월 미국의 유명 대중지인 「라이프(Life)」에 소개되기도 하였다.

사이보그라는 용어에서도 알 수 있듯이, 사이보그가 태어나기에 앞서 '사이버네틱스'라는 간학제적 분야가 있었다. 1946년 미국의 수학자이자 철학자인 노버트 위너(Norbert Wiener)는 일군의 과학자 및 공학자들과 함께 이 새로운 과학 분야를 그리스어로 '조종사(pilot)' 또는 '키잡이(steersman)', 그리고 라틴어로 '통치(governance)'를 뜻하는 어원을 가진 '사이버네틱스'로 명명하였다. 사이버네틱스라는 용어는 1948년 위너가 같은 제목으

| 1960년 6월 11일, 「라이프」지 77쪽에 실린 프레드 프리먼(Fred Freeman)의 그림. '우주에 살기 위해 다시 만들어진 인간'이라는 제목과 함께 달에 도착한 사이보그를 형상화하고 있다.

로 출판한 『사이버네틱스』라는 책을 통해서 대중적으로 알려지게 되었는데, 이 책에서 그는 사이버네틱스를 "기계 또는 동물에서의 통제와 의사소통 이론과 관련된 모든 분야"로 정의하였다.[3]

위너가 상상한 사이버네틱스의 물질적인 형상은 크게 두 가지로 구체화할 수 있다. 하나는 인공기관(prosthetics)의 형태로 '청취 장갑(hearing glove)'이라고 불리는 보청 장치를 예로 들 수 있다. 1949년 2월, 위너는 MIT와 함께 청각장애인을 위한 인공기관을 개발 중이라고 공식적으로 선언하며 대중 매체의 주목을 받기도 하였다. 청취 장갑이란 음성을 진동으로 변환하여

---

3 Wiener(1949).

손끝으로 느끼게 하는 장치를 추가함으로써 청각 기능을 보조할 수 있도록 고안된 장갑이었다. 또 다른 하나는 인공항상성(artificial homeostasis)이라고 불리는 것으로 유기체의 항상성을 유지하는 생리적인 기능을 외부에서 통제하는 시스템을 뜻한다. 일례로 위너는 1963년에 당뇨병 환자에게 주사기를 이식하는 실험을 하여 인체와의 피드백을 통해서 자동으로 인슐린을 주입하는 시대를 예견하게 하였다.

1940~60년대는 냉전의 시대이자 사이버네틱스의 시대였다. 위너의 뒤를 이어 클라인즈와 클라인 외에도 많은 과학자와 공학자들이 다양한 과학 분과에서 사이보그를 창조하기 위해 애썼다. 그중에서도 미국 생물우주항행학(bioastronautics) 분야의 연구자들은 '우주를 위한 인간 엔지니어링: 사이보그 연구'라는 이름으로 클라인즈와 클라인의 사이보그 개념을 실현하기 위한 연구를 수행하는 등 우주의학 분야에서 사이보그가 진지하게 고려되었고, 신경망과 자기조직화 시스템, 인공지능 등에 대한 연구가 생체공학(bionics)이라는 새로운 분과로 탄생하며 사이보그가 더욱 포괄적으로 정의되게 되었다.

사이버네틱스 안에는 사이보그가 없다
—   흔히 알려져 있는 사이보그의 역사는 여기까지이다. 첨단 과학기술의 집합체인 사이보그, 즉 물질적인 존재로서의 사이보그는 이렇게 탄생하였다고 알려져 있

다. 위너의 사이버네틱스와 클라인즈와 클라인이 만든 사이보그는 대중 매체를 통해 세상에 널리 알려지고 예술가와 대중문화 생산자들에게 영감을 줌으로써 과학기술과 인간의 미래에 대한 다양한 상상을 가능하게 하였다는 것도 알려져 있는 바이다. 그러나 이것이 사이보그에 대한 이야기의 전부는 아니다.

사이보그는 처음부터 물질적인 존재이기만 하였던 것이 아니다. 특히 인간과 기계가 결합한 새로운 존재로서의 사이보그는 처음부터 상상 속의 존재였는데, 그것은 예술과 대중문화 또는 인문사회과학에서뿐만 아니라 당시 사이버네틱스 안에서도 그러하였다. 사이버네틱스의 역사를 연구한 로날드 클라인(Ronald Kline)에 따르면, 1960년대 미국과 영국에서 사이버네틱스가 과학적 위상을 잃고 쇠퇴할 때까지 (주사기를 달고 있었던 실험용 쥐를 제외한다면) 인간과 기계의 융합적 존재로서의 사이보그는 존재한 적이 없었다. 나아가 사이버네틱스 역시 사이보그를 만드는 하나의 분야로 존재하였던 것이 아니라 과학자들 사이에서도 이견이 엇갈리고 다양한 해석이 공존하였던, 경계가 모호한 연구 영역을 지칭하는 용어였다.

우선 사이보그라는 단어를 처음 언급하고 정의한 클라인즈와 클라인의 논문을 살펴보자. 애초에 클라인즈와 클라인의 사이보그 연구는 미국항공우주국(NASA)이 클라인에게 우주인을 위한 정신약리학 연구를 의뢰하면서 시작되었다. 그들은 인체의 선천적 기능을 변화시키지 않고 생화학적, 생리학적, 전기적 조작만으로 다른 환경에 적응할 수 있을 것이라고 생각하였고, 특히 인체의 항상성 체제에 필요한 생물학적 변화를 가능하게 하는 외부적인 장치를 통해 우주환경에서 살 수 있는 방법을 모색하였다. 논문에서 그들은 이미 5년 전인 1955년에 쥐의 피하에 생화학적 활성 물질을 주입하는 주사기를 성공적으로 장착하였던 사례가 있음을 언급하였다. 그러나 사이보그에 대한 직접적인 설명은 여기까지이고, 이들 논문의 절반 이상은 우주여행 시 발생할 수 있는 다양한 심리·생리학적 문제들과 해결 가능성에 대한 것이었다. 예를 들어 각성, 방사선 효과, 대사문제 및 저체온증, 산소 공급 및 이산화탄소 제거, 유동액 흡입 및 배출, 효소 시스템, 전정기능, 심혈관 통제, 근육 유지, 인지적 문제, 압력, 외부온도 변화, 중력, 자기장, 감각불변 및 행동결핍, 정신장애, 그리고 림보상태 등이 그러한 문제로 열거되었다. 앞서 언급한 위너의 '청취 장갑' 역시 실험실 안에서 시도되기는 하였으나 끝내 기술적 오류를 해결하지 못하였고, 결국 상용화되지 못한 채 개발 프로젝트가 종료되었다.

한마디로 위너, 클라인즈와 클라인 모두 사이보그의 개념과 잠재적인 가능성을 제시하였을 뿐 실제로 그들의 손으로 사이보그라는 존재를 만든 것은 아니었다. 그들의 추종자 또는 동료들 역시 마찬가지였다. 앞서 생물우주항행학 연구자들이 수행하였던 '사이보그 연구'도 실제로는 사이버네틱스 유기체 자체가 아니라 가상 우주환경에서 인체의 생리학적 상태를 사이버네틱스적으로 모델링하는 것이었다. 생체의학 연구도 사이보그를 제작하는 것이 아니라 복잡한 전기시스템을 고안할 때 유기체 시스템에 도출된 원리를 적용하는 것이었으며 그 지향점 역시 초인간적인 능력을 부여하는 기술적인 향상이라기보다는 사고나 질병, 노화 등에 의해서 손상된 인체의 기능을 복원하는 데에 있었다.

요컨대 인간과 기계가 결합한 새로운 존재로서의 사이보그는 실험실 안에서조차 만들어진 적이 없었다. 즉 우리가 알고 있는 물질적인 존재로서의 사이보그는 처음부터 과학기술과 상상력의 경계에서 탄생하였던 것이다. 최소한 사이보그의 출생지라고 할 수 있는 1940~60년대 미국 사회에서 사이보그는 실험실에서 이루어진 인체의 생리와 행동에 대한 연구, 과학자가 쓴

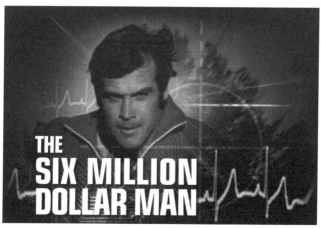

| 1970년대 중반 미국에서 인기리에 방영된 TV 드라마 '육백만불의 사나이'. 인간에게 초인간적인 능력을 부여하는 기술로서의 생체공학, 그리고 사이보그에 가까운 대중적 의미의 생체공학적 인간이라는 이미지를 만드는 데에 기여한 대표적인 대중문화이다.

논문과 책 속의 아이디어, 경이로움으로 가득한 대중 매체의 보도, 그리고 각종 영화와 TV 쇼, 소설 등에 등장하는 기이하고도 놀라운, 인간이면서 인간이 아닌 존재들에 대한 이야기와 이미지 등의 모든 물질과 기호들이 만들어 낸 합작품이다.

정작 사이버네틱스 안에 사이보그가 없다는 것은 굉장한 모순이 아닐 수 없다. 그러나 이질적인 두 존재의 '결합'만큼이나 중요한 사이보그의 특성이 바로 이 '모순'이다. 이 제 1세대 사이보그는 과학기술이 물질적 실체를 먼저 만들어 내면 거기에 사회문화적인 해석과 사용이 더해진다는 관점에 대한 강력한 반증이다. 사이보그는 인간과 기계의 결합으로서는 완성되지 못하였지만 실재와 상상력, 이성과 욕망, 과학기술과 사회의 결합이라는 점에서 성공적이었다. 그래서 제 1세대 사이보그의 모순적인 탄생은 우리에게 과학기술의 발전을 기다리기보다는 먼저 상상하라는 메시지를 던져 준다.

진격의 사이보그,
해러웨이의 「사이보그 선언」[4]

사이보그의 재탄생

—   제 2세대 사이보그는 해러웨이의
상상 속에서 시작되었다. 페미니스트이자 과학기술학자이기도
한 해러웨이는 사이보그를 풍부한 의미를 가진 은유로 재탄생
시켰다. 앞서 사이보그가 기계와 인간의 융합적인 존재로서의
사이보그와 모든 이분법의 경계를 모호하게 만드는 은유적 형
상으로서의 사이보그라는 두 가지 측면을 모두 가지고 있다고
하였는데, 특히 해러웨이는 후자의 의미를 더욱 확장시키며 사
이보그에게 새로운 생명력을 불어넣었다. 제 1세대 사이보그의
영역이 사이버네틱스와 대중적인 공상과학에 머물러 있었다면

---

4 이 장의 내용은 Haraway(1991)에 실린 「사이보그 선언」을 참고로 하였다.

| 린 랜돌프(Lynn Randolph)의 작품 '사이보그' (1989). 「사이보그 선언」이 실린 단행본 『유인원, 사이보그, 그리고 여자』에 함께 실리면서 잘 알려진 작품이다. 실제로 랜돌프가 해러웨이의 사이보그 선언문을 읽고 영감을 받아 그린 그림이기도 하다.

해러웨이에 의해서 사이보그는 페미니즘, 탈식민주의, 생물학, 과학기술학, 정치학, 문화연구 등과 같은 학문적·정치적 프로젝트와 만나게 된다.

이 장은 해러웨이의 초기 저작 중 대표작인 「사이보그 선언」

에 집중하여 사이보그의 확장된 의미를 살펴보고자 한다. 제 2
세대 사이보그가 등장한 최초의 글인 「사이보그 선언」은 1985
년 「사회주의 논평(Socialist Review)」이라는 학술지에 처음 게재되
었다. 이후 1991년 해러웨이의 다른 글들과 함께 『유인원, 사이
보그, 그리고 여자: 자연의 재발명(Simians, Cyborgs, and Women: the
Reinvention of Nature)』이라는 책으로 묶여져 나오면서 해러웨이적
사고를 보여 주는 대표적인 글로 자리매김하게 되었다. '21세
기 말의 과학, 기술, 그리고 사회주의 페미니즘'이라는 글의 부
제가 말해 주듯이 이 글은 과학기술시대에 부응하는 새로운 페
미니스트 정치학에 대한 선언이다. 특히 '사회주의 페미니즘'과
사이보그의 만남은 제 2세대 사이보그가 이전의 사이보그를 계
승하면서 동시에 완전히 다른 길을 걷고자 함을 단적으로 보여
준다.[5]

뒤에 더 자세히 소개하겠지만, 해러웨이는 당시 에코페미니
스트(ecofeminist)들과 달리 과학기술의 남성성을 비판하지 않았
다. 과학기술이 본질적으로 남성적인 것은 아니기 때문이다. 그
렇다고 과학기술이 '양날의 칼'인 것도 아니다. '양날의 칼'이라

---

5 해러웨이의 지적 여정 및 당시 미국 사회의 상황을 알면 이 장을 이해하는 데에 도움이
  될 것이다. 그녀는 대학시절 동물학과 철학, 문학을 공부하고 예일대에서 실험에서의 메
  타포 사용에 대한 연구로 생물학 박사학위를 받았으며, 이후 여러 대학에서 페미니즘
  과 과학기술학 등을 주로 가르쳤다. 1960~70년대 미국 사회는 정치적으로 신보수화가
  진행되었던 시기로, 이런 시기에 마르크스주의 페미니스트였던 해러웨이의 관점에서는
  정치적 변화를 위해 새로운 상상력과 언어가 필요하다고 생각하였을 것이고 특히 과학
  기술의 가능성과 그것이 사람들에게 주는 희망을 적극적으로 활용하고자 하였을 것이
  라고 짐작할 수 있다.

는 관점은 언뜻 적절한 비유 같지만 과학기술이 원래 순수하고 가치중립적인 것처럼 믿는다는 점에서 또 다른 본질주의에 불과하다. 왜냐하면 과학기술 자체는 아무런 문제가 없는데 그것을 남성이 사용하는가 또는 여성이 사용하는가에 따라서 남성적이 되고 여성적이 된다고 보기 때문이다. 그렇게 되면 과학기술이 애초에 만들어지는 과정에서부터 사회적 영향을 받는다는 사실을 간과하게 되는 문제가 생긴다. 해러웨이의 페미니즘은 과학기술을 본질적으로 남성적이거나 여성적인 것으로 환원하지 않으며 그것을 단순한 도구로 대상화하지도 않는다. 사이보그를 남성이나 여성으로 규정할 수 없는 것과 마찬가지이다. 해러웨이는 이렇게 과학기술과 인간이 본질주의나 이분법에 빠지지 않은 채 상호구성되는 세상을 상상하였다.

제 2세대 사이보그의 신화를 해러웨이라는 페미니스트가 썼다는 것은 결코 우연이 아니다. 과학기술과 인간의 관계에 대해서 많은 이들이 고민하였을 법하지만 놀랍게도 실상은 그렇지 않다. 사실 우리가 기억하는 수많은 과학자나 엔지니어들이 '백인 남성'임에도 불구하고 우리는 그저 '인간'이 과학기술을 만든다고 생각하지 않는가? 그러나 현실에서 인간은 남성 또는 여성, 백인 또는 유색 인종, 서양인 또는 동양인, 비장애인 또는 장애인, 지배자 또는 피지배자, 자본가 또는 노동자 등 대개 둘로 분류된다. 그리고 주로 전자(남성, 백인, 서양인, 비장애인, 지배자, 자본가 등)가 권력을 가지고 지식을 만들며, 후자(여성, 유색 인종, 동양인, 장애인, 피지배자, 노동자 등)는 그 권력과 지식의 대상이 된다. 이성 대 감성, 마음 대 몸, 문명 대 자연 등의 이분법에서도 전자가 늘 후자보다 우위에 있는 것으로 인식된다. 이런 위계적인 이분법을 고려한다면 결과적으로 과학기술이 백인 남성의 도구라는 주장도 틀린 말은 아니다. 그렇다면 유색 인종과 여성은 어떻게 해야 이 지배 구도에서 벗어날 수 있을까? 그들의 도구를 못 쓰게 만들어 무력화시켜야 할까 아니면 더 강한 도구를 만들어 대적해야 할까? 페미니즘의 고민은 이렇게 시작된다. 과학기술과 사회, 그리고 인간에 대한 치열한 고민은 이렇게 인간이라는 단어가 가리고 있는 그들 사이의 위계적 구분에 대한 문제의식으로부터 시작되었다.

실제로 1980년대 당시 이미 과학철학, 과학사, 기술사, 그리고 과학사회학 등을 연구하는 학자들이 있었으나 이들의 관심은 주로 과학기술의 발전 과정, 과학기술의 사회적 영향, 또는 과학자 사회의 구조 등에 있었다. 즉 과학에서 관찰이나 설명이 무엇인지, 특정 과학 이론이나 개념이 어떤 맥락에서 그렇게 발전해 왔는지 등과 같은 내재적인 과학연구, 과학기술자들이 만든 지식과 인공물이 역사와 사회변화에 어떠한 영향을 주었는지 또는 과학자들만의 공동체가 어떻게 작동하는지 등과 같은 외재적인 과학연구로 크게 나뉘어져 논의가 이루어졌다고 할 수 있다. 물론 그 속에서 등장하는 과학기술자는 대부분 '남성'이었고 남성 과학기술학자는 곧 '이성을 가진 인간'으로 일반화되었다. 앞서 열거한 긴 이분법적 위계의 사슬은 전혀 문제시되지 않은 채 말이다.

'사이보그 선언'이라는 제목은 아주 의미심장하다. 「사이보그 선언」은 그야말로 「공산당 선언(Communist Manifesto)」에 버금가는 정치적인 포부를 담고 있다. 공장의 기계들 틈에서 기계처럼 일하던 노동자들이 정치 변화의 주체가 되듯이, 한때 실험실에서 자기 몸만한 주사기를 달고 과학자를 위해 일하던 쥐가 새로운 과학기술 정치학의 주체가 된 것이다.(여기서 쥐는 이분법이 지배하는 세계에서 여성, 유색 인종, 장애인 등과 같은 항에 속한다.) 실존한 최초의 사이보그였던 쥐는 그 자신의 몸으로 인공적인 시스템과 자연적인 육체의 이분법을 깬 존재이다. 사실 남성 대 여성의 이분법은 다른 모든 이분법과 연결되어 있어 아주 단단한 반면, 이 이분법의 사슬 어느 하나만 무너지면 주르륵 연달아 무너질 수 있는 도미노 같은 존재이기도 하다. 그렇게 보면 남성과 여성을 구분하는 본질주의에 도전하는 페미니즘은 사실 여성만을 위한 학문이나 정치학이 아니다. 페미니즘은 내가 아니면 남인 이분법에 대한 문제제기와 도전이고, 그렇기 때문에 자연과 육체를 타자화함으로써 발전해 온 과학기술에 대해서 그 누구보다 치열하게 고민해 올 수 있었을 뿐이다. 따라서 「사이보그 선언」을 읽을 때 ○○주의나 ○○이즘이라는 말에 연연할 필요는 없다. 해러웨이의 사이보그는 모든 이분법을 지탱해 온 차이와 경계, 또는 차별과 위계에 도전하는 언어이기 때문이다.

「사이보그 선언」은 국내에 이미 여러 차례 번역되어 소개된 바 있다. 그러나 여기에서는 제 2세대 사이보그의 의미를 파악하는 데 중점을 두어 재해석한 원문 내용을 상세하게 소개하고

자 한다. 특히 원문의 소절들을 제 2세대 사이보그의 특징에 따라 모순, 분열, 접속, 연결, 신화라는 다섯 개의 키워드로 구분하여 정리할 것이다. 이렇게 함으로써 사이보그라는 은유가 갖는 독특하고도 풍부한 의미가 독자들에게 조금 더 분명하게 전달될 수 있기를 기대한다.

사이보그는 모순적이다

— 앞서 개괄한 사이보그의 역사에서 본 것처럼 사이보그는 기계와 유기체의 혼종적 존재이다. 사이보그는 허구적 창조물이면서 사회적 실재이다. 상상과 아이디어의 산물인 동시에 20세기 말을 살아가는 우리의 과학기술 경험을 어떻게 정의할 것인지와 관련된 현실적인 문제이기도 하기 때문이다. 사실상 우리가 존재한다고 믿는 과학적 허구와 사회적 실재 사이의 경계는 우리의 믿음만큼 절대적이지 않다. 그런 의미에서 유기체와 기계 사이의 경계는 마치 국경과 같다. 한 국가의 경계는 전쟁의 산물이지 처음부터 주어져 있거나 실체적으로 존재하는 것은 아니다. 어디까지가 유기체이고 어디까지가 기계에 속하는지를 결정하는 전쟁은 생산, 재생산, 그리고 상상력을 놓고 벌어진다. 사이보그는 유기체와 기계의 구분을 전제로 주어지는 정체성이면서 동시에 사이보그적 존재 자체가 그 구분을 모호하게 만든다는 점에서 모순적이다. 원래의 경계를 허물고 새로운 국경을 만드는 전쟁이 짜릿한 희열을 주

면서도 그만큼 치열한 사투를 요구하는 것처럼 사이보그 역시 무거운 책임감과 재미있는 유희 모두를 의미한다.

사이보그는 부분적이면서도 전체적이라는 점에서 모순적이다. 사이보그는 유기체적인 부분과 기계적인 부분이 결합해서 이루어진 존재이지만 단순히 인간과 기계의 합으로만 환원될 수 없다. 사이보그의 모순적 특성은 온전히 하나로 통합될 수 없는 부분들을 유지하는 데서 오는 긴장으로 나타난다. 사이보그에게 이 모순과 긴장은 필연적이다. 사이보그는 공동체를 꿈꾸지만 그것이 혈연으로 맺어진 가족을 의미하지는 않는다. 또 사이보그는 변화를 도모하지만 세상을 뒤집는 혁명을 원하지는 않는다. 사이보그에게 세상을 변화시키는 것은 전체주의적인 전복과 혁명이 아닌 부분들 간의 새로운 연결을 만들어 내는 것이기 때문이다.

사이보그는 다음의 세 가지 경계를 가로질러 존재한다. 첫째는 인간과 동물 사이의 경계이고, 둘째는 유기체와 기계 사이의 경계이며, 셋째는 물질과 물질이 아닌 것 사이의 경계이다. 그렇게 함으로써 사이보그는 이 경계가 실재한다고 믿었던 이들의 세상을 변화시킬 수 있다. 우선 인간과 동물이 명확히 구분되지 않는 존재는 인간이 타고나는 몸에 따라 결정된다는 생물학적 결정론에 대한 반증이다. 유기체와 기계의 결합은 기술이 인간 사회를 지배한다는 기술결정론과 기술이 우리를 몸으로부터 자유롭게 해 줄 것이라는 포스트모던한 친기술주의가 허상임을 일깨워 준다. 왜냐하면 사이보그의 몸은 유기체와 기계 어떤 쪽도 온전히 다른 한쪽을 통제할 수 없기 때문이다. 끝으로 물질과 물질이 아닌 것 사이의 모호한 경계는 최근의 기술적 특성과 일치한다. 예를 들어 점차 소형화, 일상화되고 있는 전자제품들을 떠올려 보자. 이런 기계들은 마치 신이나 햇살처럼 우리 일상의 곳곳에 존재하지만 눈에 보이지 않는다. 사이보그도 마찬가지이다. 우리 눈에 사이보그는 아직 정치적으로도 물질적으로도 보이지 않는 존재이다. 그러나 사이보그적 의식을 가지고 있다면 감지할 수 있을 것이다. 즉 사이보그의 경계를 가로지르는 특성은 이항대립적 위계 질서를 분별함으로써 이분법적 세계관에 도전할 수 있는 가능성을 의미한다.

사이보그의 모순은 사이보그의 언어를 만들고자 하는 꿈에서 가장 극적으로 드러난다. 예를 들어 '여성'이라는 하나의 이름은 개별 여성들의 수많은 차이들을 삭제한다. 그러나 여성에 대한 사회적 차별에 대항해서 싸우기 위해서는 여성이라는 공통의 이름이 필요하다. 사이보그도 마찬가지이다. 사실상 사이보그라는 하나의 정체성은 존재하지 않는다. 그러나 과학기술과 다양하게 관계를 맺고 있는 수많은 사이보그'들'이 존재하며 그들에 대한 이야기가 필요하다. 신화가 필요한 이유가 여기에 있다. 특히 과학기술 시대는 새로운 정치적인 신화를 요구하고 있다. 과학기술이 발전하면서 기술적 인공물이나 문화, 그리고 사회적 실천에 있어 지구적 차원의 불평등이 심화됨에 따라 이에 대항하는 결속된 행동이 더욱 필요해지고 있기 때문이다. 이분법에서 벗어난 새로운 사회를 현실로 만들어 내기 위해서는 사이보그가 주인공이 되는 신화가 필요하다. 남성 대 여성, 인간 대 기계, 과학 대 자연 등 이분법적인 사고에 길들여진 우리에게는 무엇보다 부분적인 정체성과 모순을 받아들일 수 있는 언어와 상상력이 필요하기 때문이다.

사이보그는 분열된 존재이다[6]

—   젠더, 인종, 계급 등이 '본질적으로' 인간을 구분하고 집단적 정체성을 구성하는 시대는 지났다. 젠더, 인종, 계급에 대한 의식은 가부장제, 식민주의, 자본주의가 만들어 낸 사회적 실재의 모순에 대한 역사적 경험으로부터 강제된 결과물일 뿐이지 인간의 본질은 아니다. 정체성 형성의 문제가 갖는 한계를 검토하기 위해 몇몇 페미니스트의 논의를 살펴보자.

우선 사회주의 페미니즘은 여성의 노동을 노동의 범주에 포함시키는 성과를 내기는 하였지만 그 과정에서 여성이라는 단일한 정체성을 당연한 것으로 만드는 한계를 보였다. 첼라 샌도발(Chela Sandoval)은 유색 여성들의 정체성을 예로 들며 사회주

---

6 이 소절은 해러웨이가 마르크스주의자이자 페미니스트였고, 이 글 역시 원래 「사회주의 논평」에 실린 글이었다는 점을 감안하고 읽기를 바란다. 첫 번째 소절에서 사이보그가 어느 한 정체성에 귀속되지 않는 탈경계적 존재라는 점을 분명히 하고, 이 두 번째 소절에서 지금까지의 정치적 프로젝트가 피지배자 집단 또는 저항 집단의 단일한 정체성을 전제로 하였음을 비판함으로써 사이보그가 기존 (페미니스트) 정치학의 한계를 넘어설 수 있는 주체임을 강조하게 될 것이다.

의 페미니즘의 한계를 지적하였다. '저항의식'으로 불리기도 하는 유색 여성의 정체성은 타자성, 차이, 특수성 등에 기반하고 있기 때문에 단일화하기 어렵다. 따라서 유색 여성이라는 정체성은 자연적으로 귀속되는 것이 아니라 정치적인 관계와 유사성, 그리고 의식적으로 맺어진 제휴에서 비롯된 것이라고 보아야 한다는 것이다. 케이티 킹(Katie King) 역시 샌도발과 유사하게 지금까지 지배를 위해 강제된 결속과 협력을 기반으로 이루어진 결속 모두 유기적이고 자연주의적인 관점에서 정체성을 정의함으로써 비유기적이고 비자연주의적인 유사성에 기반한 결속의 가능성을 간과해 왔다고 비판하였다. 생각해 보면 우리는 모두 지배자이면서 피지배자이다. 어떤 구조에서는 권력을 갖지만 다른 구조에서는 주변화될 수도 있기 때문이다. 따라서 더 이상 '우리'라는 자연적인 결속체는 있을 수 없으며 순결주의나 그로 인한 피해의식을 가질 필요도 없다.

급진주의적 페미니즘은 더욱 문제이다. 예를 들어 케서린 맥키넌(Catherine MacKinnon)은 페미니즘이 마르크스주의와 다른 분석적 전략을 취해야 한다고 하면서 계급의 구조 대신 섹스/젠더의 구조를 우선시해야 한다고 주장하였다. 정체성을 마르크스주의적으로 정의하면 여성만의 단일성을 이론화할 수 없다는 이유에서이다. 따라서 맥키넌은 생물학적 여성들의 경험을 강조하는 의식 이론을 적용하여 여성을 단일한 하나의 집단으로 만들고자 하였다. 그러나 문제는 이렇게 생물학적 성이 여성 정체성을 만들어 내는 근거가 됨으로써 오히려 여성들의 다양한 차이들이 삭제될 수 있다는 점이다. 여성들이 '자신이 아닌 여성'으로 의식화되는 순간 수많은 차이를 갖고 있는 개별 여성은 거대한 하나의 여성에 가려져서 존재하지 않는 존재가 되어 버리는 것이다. 그리고 이것은 서구 가부장제가 원하는 것, 즉 남성 욕망의 산물로서의 여성일 때를 제외하고는 여성들이 주체로서 존재하지 않는 것과 정확히 일치한다. 결국 급진주의 페미니즘은 가부장제만큼이나 권위주의적이다.

종합해 보면 사회주의 페미니즘과 급진주의 페미니즘 모두 여성 주체에 대한 전체주의적인 프로젝트이다. 이것은 페미니즘 역시 타자화를 전제로 한 백인 휴머니즘의 논리와 언어, 실천에 무비판적으로 참여해 왔고 그들만의 혁명을 지켜내기 위해서 단 하나의 정체성을 찾으려고 노력해 왔음을 의미한다. 이것이 단일한 정체성에 집착하는 대신 차이와 그것들 간의 부분적이지만 진정한 연관성에 주목해야 하는 이유이다. 우리에게는 분열을 두려워하지 않는 주체가 필요하다. 사이보그가 바로 그러한 주체이다.

사이보그에게 중요한 것은 정보이다

—   근대 사회가 하나의 유기체라면 탈근대 사회는 여러 시스템들이 연결된 망에 가깝다. 유기체는 각 부분들이 모여 하나의 완전한 전체를 구성하는 방식으로 연결되지만, 다형적인 망의 구조에서 중요한 것은 전체보다는 부분

들이 교차하는 접면과 경계이다. 물론 다형적인 망 역시 지배와 통제의 논리에서 자유롭지 않다. 이것을 '지배의 정보과학'이라고 명명하자. 지배의 정보과학 내에서는 여성이 가족이나 사적 영역에만 속해 있지 않다. 가정·직장·시장·공적 영역·육체 등이 다형적인 방식으로 접면을 만들어가며 세계를 구성하고 개별 여성들은 생산·재생산·소통 활동 등을 통해서 그러한 시스템 속으로 다양하게 통합되고 이용된다.

이 시스템은 언어와 통제의 논리에 의해서 움직이는데, 여기에서 중요한 것은 '정보'라고 불리는 양적 흐름의 비율, 방향, 확률 등을 결정하는 것이다.[7] 정보는 양적인 단위 또는 단위의 기본으로 보편적인 번역과 효과적인 의사소통을 가능하게 한다. 정보의 번역과 소통에 가장 위협적인 현상은 부분적인 정보들이 조합되는 과정에서 발생하는 문제이다. 이렇게 정보가 조합되고 소통되는 과정은 유기체에서도 일어나기 때문에 유기체 역시 하나의 정보처리 기기로 볼 수 있다. 현대 사회에서 통신기술과 생명공학기술이 강력한 과학기술로 등장한 것 역시 세상이 하나의 정보처리 시스템임을 증명한다. 이러한 기술들이야말로 세상과 유기체를 지배하는 결정적 도구이다. 즉 통신과 생명공학은 정보가 이분법적으로 나누어진 경계를 넘나들

---

7 정보는 지식과 구분되기 때문에 중요하다. 푸코가 지식권력에 주목하였다면 해러웨이는 권력의 원천을 정보로 보았다. 일반적으로 정보는 지식과 비교해서 상대적으로 파편화되어 있고 덜 권위적이기 때문에 정보들 간의 다양한 조합이 가능하며 다양한 주체들에 의해서 생산되고 유통된다는 특징이 있다.

수 있게 만드는 기술들이다. 그런 의미에서 새로운 과학기술은 새로운 권력의 원천이며 그에 따라 우리의 학문적 분석과 정치적 행동에도 변화가 필요하다.

사이보그는 연결망 속에 존재한다

—   산업혁명이 진행되고 경제구조가 변화하면서 가사경제라는 새로운 결속체가 등장하였다. 가사경제란 경제구조와 이데올로기, 그리고 가족제도가 이루고 있는 하나의 연결망을 가리킨다. 가사경제 연결망은 산업자본주의-리얼리즘-가부장적 핵가족으로부터 독점자본주의-모더니즘-근대가족을 거쳐 이제 다국적자본주의-포스트모더니즘-가사경제에서의 가족으로 변화해 왔다.

가사경제의 출현은 다음과 같은 의미에서 여성과 관련이 깊다. 첫째, 기술 발전으로 탈숙련화가 일어나면 여성 노동자들이 그 자리를 채우게 된다. 둘째, 노동이 여성화(사무와 돌봄노동의 증가)됨과 동시에 국가 복지가 실패하고 여성에 대한 부양 의존성이 증가하게 되면 빈곤계층의 여성 비율이 높아진다. 셋째, 새로운 기술의 영향으로 근대적 형태의 '사적인 삶'(전통적으로 여성의 영역)이 양산되며 '공적인 삶'(전통적으로 남성의 영역)이 사라지게 되는데, 이것은 공장·가정·시장이 하나의 단위로 통합되어 '사유화'됨을 의미한다. 이렇게 사유화된 사회에서 섹스, 섹슈얼리티, 재생산은 개인과 사회 모두의 미래를 위한 중요한 요소가 된다. 즉 개인적 관계의 문제였던 섹슈얼러티와 재생산이 사회적 문제가 되며 개개인이 과학기술과 맺고 있던 관계 역시 사회적인 관계가 되는 것이다. 예를 들어 재생산 기술을 사용하는 여성의 육체는 개인적 경험을 넘어 사회적 시선의 대상이 되며 언제든지 기술적 개입이 가능한 경계를 갖는 존재로 일반화된다. 이것은 단지 여성만의 문제가 아니다. 왜냐하면 이러한 지배 구조는 개별 육체를 사적인 영역과 공적인 영역이 뒤섞인 곳에 위치시킴으로써 작동하기 때문이다.

이제, 세상은 공적 영역과 사적 영역이라는 두 영역이 아니라 수많은 육체와 공간들이 연결되는 집적회로가 되었다. 연결망으로서의 세상에서 공간과 정체성은 혼재되고 개인적인 몸과 몸 정치학 사이의 거리는 더욱 가까워진다. 자본주의 사회에서 흔히 사적인 영역 또는 공적인 영역으로 주어졌던 가정, 시장, 직장, 국가, 학교, 병원, 교회 등과 같은 단일한 공간은 더 이상 존재하지 않는다. 새로운 기술이 강화하거나 매개하는 사회적 관계들이 생겨나면서 공간은 분산되고 연결된다. 우리는 이 새로운 권력과 사회적 삶의 디아스포라 속에서 새로운 관계와 새로운 연합을 찾아냄으로써 생존해야 할 임무가 있다. 예를 들어 가정이라는 한때 단일하였던 공간이 어떤 공간들로 분산되고 또 연결되는지 살펴보자.

가정: 여성이 호주인 가정, 일부일처제, 남자들의 부재, 독거 노인, 가사 기술, 유급가사노동, 가사운영 전문업체, 재택사업과 컴

퓨터를 이용한 재택근무, 전자주택, 도시의 노숙자들, 이민, 모듈 건축, 더욱 심해지는 핵가족화, 심한 가정폭력……

연결망의 이미지는 사이보그 정체성에 중요한 요소인 차이와 모순의 기하학을 보여 준다. 이 연결망에서 과학기술의 역할은 기존 사회적 관계를 변화시키고 새로운 관계들을 만들어 내면서 연결망의 구성요소들을 재배열하는 것이다. 이러한 재배열 과정에서 분열된 주체들은 다양한 경험을 할 것이다. 그것은 쾌감일 수도 있고 권력을 잃은 상실감일 수도 있다. 이것을 어떤 언어로 기술할 것인가? 과학기술이 만들어 내는 사회적 관계의 변화는 때로는 불가피하기도 하고 때로는 누군가의 선택에 의한 것이기도 하다. 그리고 그것은 누군가에게는 금기시된 융합일 수도 있고 오랫동안 욕망해 오던 것일 수도 있다. 이 다양한 경험을 기술할 언어를 상상하기 위해 우리에게는 사이보그 신화가 필요하다.

사이보그는 과학기술 시대의 신화이다

—   사이보그 신화는 다음의 두 가지 텍스트로부터 유래한다. 첫 번째 텍스트는 유색 여성들의 글쓰기이다. 글쓰기는 모든 식민지화된 집단들에게 중요하지만 특히 사이보그 글쓰기는 그들을 타자로 낙인찍는 세상을 낙인찍기 위한 도구로서 중요하다. 유색 여성들의 정체성이 합법화된 언

어에 집착하지 않고 키메라 괴물의 언어를 구사하면서 형성되듯이 사이보그 글쓰기는 완벽한 소통이 아니라 소음과 오염, 동물과 기계의 비합법적인 융합을 즐기는 과정에서 탄생한다. 이러한 글쓰기는 단순히 문학적인 해체가 아니라 우리 의식의 한계를 극복하는 행위이다.

유색 여성들은 현실 속의 사이보그로서 글쓰기를 통해 육체와 사회라는 텍스트를 끊임없이 재구성해 왔다. 따라서 그들의 글쓰기는 유희이면서 동시에 생존의 문제이다. 근대 이후의 사회에서 자아는 자율적이고 강력한 것인 반면 타자는 다중적이고 중요하지 않은 것으로 취급되어 왔다. 달리 표현하면 '하나는 너무 적지만 둘은 너무 많기 때문에' 나머지 하나(여성, 유색인종, 장애인, 동물, 기계 등)는 늘 주변화되어 온 것이다. 그러나 여성은 공적 담론과 일상적 실천 모두에서 사이보그이자 혼종적 존재로서 과학기술과의 연관성을 더 강렬하게 경험해 왔고 그를 통해서 기계와 유기체의 경계를 무너뜨리는 데 기여해 왔다.

두 번째 텍스트는 페미니스트 SF 저작들이다.[8] 흥미롭게도 이 저작들에서 사이보그가 갖는 의미는 서구 사회에서 괴물이 갖는 의미와 일맥상통한다. 근대 초기 프랑스에서 샴쌍둥이와 자웅동체의 존재는 유럽인의 근대적 의식에 불을 붙였다. 20세기

---

8 해러웨이가 예로 든 페미니스트 SF 소설은 다음과 같다. Joanna Russ(1975), *The Female Man*; Samuel R. Delany(1979), *Tales of Nevèrÿon*; Octavia Butler(1980), *Wild Seed*; Octavia Butler(1979), *Kindred*; Octavia Butler(1987), *Dawn*; Vonda N. McIntyre(1983), *Superluminal*.

말 영장류에 대한 진화론적 해석과 행동생물학의 등장은 동물 정체성의 다중성을 보여 주었다. 이제 페미니스트 SF에 등장하는 사이보그 괴물들은 새로운 정치적 가능성과 한계를 제시하고 있다. 사이보그의 모순적 특성을 고려해서 자아와 타자의 관계를 표현하면 "하나는 너무 적고 둘은 단지 하나의 가능성일 뿐이다."[9] 예를 들어 사이보그에게 남성과 여성이라는 정체성은 부분적이고 유동적인 차원에서만 의미가 있다. 따라서 젠더라는 보편적 정체성은 존재하지 않는다. 마찬가지로 인종이나 계급 등도 모두 전체와 부분에 대한 사이보그 언어로 다시 설명될 필요가 있다.

사이보그는 단지 인간과 기계가 결합한 존재를 부르는 이름이 아니라 지배 시스템에 도전하는 과학기술을 구성하기 위해 필요한 정치적 언어이다. 마치 인간-기계의 결합에서 어느 한쪽을 제거해서 인간 또는 기계로 만들려고 하지 않고 제 3의 이름(사이보그)으로 부르는 것처럼, 괴물(기존 이분법적 언어로 규정할 수 없는 기괴한 존재) 역시 '정상적인' 인간으로 '재탄생'되어야 하는 존재가 아니라 단지 일부의 '재생'이 필요한 상처를 지니고 있는 존재일 뿐인 것이다.

따라서 사이보그 신화는 다음의 두 가지 의미를 갖는다. 첫째, 세상을 해석하고 지배구조를 변화시키려는 목적을 가진 이론에

---

9 여기서 '둘'은 자아와 타자 모두 두 주체로서 인정한다는 것인데 이것은 여전히 하나의 '가능성'일 뿐 궁극적인 목적은 아니다. 왜냐하면 '둘'은 여전히 이분법적인 언어의 구조에 갇혀 있기 때문이다.

대한 경고이다. 보편적이고 전체주의적인 이론이 놓치게 되는 차이들은 사실 우리의 현실이나 경험의 일부가 아니라 그것들의 대부분이다. 마르크스주의나 페미니즘 등과 비판적이고 정치적인 이론 역시 개별 주체들을 이분법적 언어로 구분하고 정체화함으로써 전체주의의 한계를 답습해 왔다. 그래서 사이보그 신화는 모순되고 분열된 주체와 정보과학으로 움직이는 집적회로 같은 세상을 언어화하고자 한다. 둘째, 사회에서 과학기술이 차지하는 위상에 대한 제고이다. 과학기술은 더 이상 백인 남성의 전유물이거나 지배 이데올로기의 실현을 위한 도구가 아니다. 연결망의 세상에서 과학기술, 특히 정보통신기술은 부분들 간의 소통 및 타자들과의 부분적인 접속을 통해서 경계들을 재구성해 나가는 데 있어 결정적이고 능동적인 역할을 한다.

모순적이지만 사이보그의 꿈은 사이보그라는 하나의 정체성과 하나의 언어를 만드는 것이 아니다. 그럼에도 불구하고 하나의 이름이 필요하다면 여신보다는 사이보그를 택하겠다고 해러웨이는 말한다.

쉬보그 또는 사이버펨

— 　　　　　　여신보다는 사이보그가 되겠다는
「사이보그 선언」의 마지막 문장은 두고두고 회자되며 과학기술을 두려워하지 않는 페미니스트들에게 영감을 주었다. 에코페미니즘의 아이콘인 여신에서 사이보그로의 전환은 당시로서는 상당히 전위적인 선언이었다. 이후 「사이보그 선언」에 담긴 해러웨이의 사상은 '사이보그페미니즘' 또는 '사이버페미니즘' 이라는 명칭으로도 불리며 다양한 분야에 영향을 주었는데 예술계가 그중 하나이다. 페미니스트 예술가들이 「사이보그 선언」을 어떻게 읽었는지를 보여 주는 사례로 '쉬보그'와 '사이버펨' 등이 있다. 쉬보그는 그녀를 지칭하는 '쉬(she)'와 사이보그의 '보그'를 결합한 신조어 '쉬보그'이고, 사이버펨은 사이버네틱스 유기체의 '사이버'와 여성(female)을 뜻하는 '펨(fem)'이 합쳐진 말이다. 몸이 더 이상 고정되어 있는 생물학적 대상이 아니며 과학기술이 여성을 몸의 속박으로부터 해방시키는 새로운 도구가 될 수 있을 거라는 비전은 페미니즘에 새로운 활력을 불어넣었다. 확실히 자연으로 비유되거나 자연미가 강조되던 이전 예술 작품 속의 여성들과는 다른 모습의 여성 주체가 작품 속에 등장하기 시작하였다. 대표적인 사례로, 국내외에 이미 잘 알려진 페미니스트 예술 작품 중에서 이불의 'Cyborg WI'(1998)과 마리코 모리의 'Play with Me'(1998) 등을 들 수 있다.[9]

그러나 '쉬보그'나 '사이버펨'으로 형상화되는 사이보그는 분명한 한계를 갖는다. 과학기술이 발전하면 여성이 몸의 속박에서 벗어날 수 있게 될 것이라는 환상이 바로 그것이다. 따라서 사이보그페미니즘이나 사이버페미니즘은 여성의 몸을 증발시켜 페미니스트 정치 프로젝트의 물질적인 근거를 약화시켰다는 비판을 받기도 하였다.[10] 국내에서도 1990년대 중반부터 「사이보그 선언」이 번역, 소개되었고 해러웨이의 다른 저서들도 대부분 번역되어 나왔다. 그리고 그와 함께 관련 학술지마다 페미니스트 이론의 맥락에서 사이보그적 은유를 해석하는 글들이 실리기도 하였지만 대개는 해석에 그쳤다. 유색 인종의 글쓰기에서 유래하였다던 사이보그 신화는 한국 여성들의 다양한 경험을 이론화하는 데 적극적으로 활용되지 못한 채 21세기를 맞게 되었다.

---

10 Wajcman(2004).

3.
사이보그
과학기술학

새로운 과학기술학의 아이콘, 사이보그

—   과학기술학이란 과학기술과 사회,
그리고 인간에 대한 학문, 한마디로 과학기술의 인문사회학이
다. 해러웨이의 사이보그 이론 역시 과학기술학에 속한다. 사이
보그가 제 2의 생명력을 얻게 된 것은 과학기술을 바라보는 해
러웨이만의 독창적인 상상력 덕분이었지만 비슷한 시기에 과
학기술학 전반에서도 과학기술을 바라보는 관점에 변화가 생
겼다.

해러웨이의 사이보그 이전의 과학기술학은 크게 세 종류로
나눌 수 있었다. 내재주의적인 과학사, 과학자 사회를 연구하는
과학사회학, 그리고 과학철학이 그것이다. 이들은 각각 과학적
개념이나 이론이 역사적으로 누구에 의해서 어떻게 발전해 왔

| 사이보그 과학기술학은 과학기술의 건설 현장을 들여다보는 것이다. 건설 중인 건물은 완성된 건물이나 설계 도면과는 전혀 다른 모습이다. 하나의 건물이 세워지기까지 관련 전문가와 건설노동자뿐만 아니라 이렇게 수많은 장비와 자재들이 동원된다. 시각적으로는 오히려 사물과 기계가 인간을 압도하기도 한다. 과학이 만들어지는 실험실(79쪽 그림)도 이와 크게 다르지 않다.

는지, 과학자 집단의 특징이나 전문직업화 또는 사회적 지원을 받게 되는 기제는 무엇이었는지, 그리고 과학적 인식론은 무엇인지에 대한 연구였다.

그런데 1980년대 이후 사이보그가 등장할 즈음 과학기술학자들은 과학기술의 실행(practice)에 새롭게 주목하기 시작하였다. 과학기술의 실행이란, 교과서와 논문에 나오는 과학이 아닌 사회 속에서 과학이라는 이름으로 힘을 발휘하는 과학, 그리고 과학자의 머릿속에 있는 과학이 아닌 그들이 매일 실험실에서 수행하는 과학이다. 실험실 안에서, 그리고 사회 속에서 살아 숨 쉬는 과학기술에 대한 이야기는 해러웨이의 사이보그 신화와 통하는 면이 많다. 실행으로서의 과학기술과 사이보그 모두 고정되어 있는 과학기술이 아닌 다르게 만들어질 수 있는 가능성이 있는 존재이고, 추상적인 재현이나 아이디어가 아닌 우리의 육체와 같이 실재하는 사물과 물질이며, 순수한 과학기술이라는 환상 대신 세상의 힘과 질서로부터 자유롭지 않은 현실을 직시한다. 특히 페미니스트 과학기술학의 경우 과학기술의 실행을 본다는 것은 더욱 큰 의미가 있었다. 왜냐하면 이전의 페미니스트 과학기술학이 주로 역사 속에 묻힌 여성 과학자의 업적을 발굴해 내거나 과학기술의 남성성을 비판하는 작업에 머물러 있던 상황에서 과학기술의 실행은 새로운 페미니스트 과학기술학의 가능성을 암시하는 새로운 연구 장소였기 때문이다.

사이보그와 과학기술의 실행이 갖는 특징으로는 구성성, 물질성, 그리고 정치성의 세 가지가 있다.

첫째, 사이보그는 이질적인 행위자들의 개입을 통해서 만들어지는 과학의 모습을 형상화한다. 유기적인 몸과 기계의 결합으로서의 사이보그는 사실 대 허구, 자연 대 문화, 그리고 과학기술 대 사회 등의 이분법적 경계가 고정되어 있는 것이 아니라 끊임없이 재구성되는 것임을 보여 준다. 나아가 사이보그가 상징하는 구성성이란 과학기술이 사회 발전을 특정한 방향으로 결정하는 것도 아니고 사회의 특징에 따라 과학기술의 개발과 사용이 정해져 있는 것도 아님을 뜻한다. 이는 또한 어떤 과학기술이나 사회도 본질적으로 규정할 수 없다는 관점과도 연관

된다.

둘째, 사이보그는 기호이면서 동시에 물질적인 존재이다. 이 책이 사이보그페미니즘이나 사이버페미니즘이라는 이름을 경계하는 이유는 그러한 이름으로 사이보그가 지나치게 기호학적이고 텍스트주의적으로 전유되는 경향이 있었기 때문이다. 과학기술의 실행은 기호와 문자만으로 이루어지지 않는다. 과학기술의 물질성에는 과학기술자의 육체뿐만 아니라 과학자들의 실험실과 실험실의 수많은 기구와 사물들이 포함된다. 사이보그가 갖는 물질성은 보이지 않는 사회적 질서와 힘이 결국 사물과 몸이라는 우리의 일상적인 실행 차원에서 작동한다는 점을 말해 준다.

마지막으로, 과학은 구성적이고 물질적일 뿐만 아니라 정치적이다. 과학기술의 실행은 위계적인 사회 질서의 영향을 받으며 수행되고, 그러한 권력 관계를 영속화하는 역할을 한다. 사이보그는 이분법적인 젠더의 범주를 초월한 페미니스트 주체일 뿐만 아니라 모든 이분법적 경계로부터 자유로운 육체이다. 그러나 그 초월과 자유는 개인의 차이를 무시한 정체성과 비대칭적인 이항대립적 범주로부터의 초월과 자유이지 현실에서 실재로 경험하는 권력과 지배질서의 작동을 부정하는 것이 아니다. 따라서 과학기술에 대한 구성주의적이고 물질주의적인 접근은 보이지 않는 힘의 작동을 구체적인 실행 및 물질의 차원에서 밝혀낼 수 있다는 점에서 정치적으로 유용하다.

이 장의 사이보그 과학기술학은 위와 같이 과학기술의 실행을 분석하는 학문을 뜻한다. 그것은 구성주의적이고 물질주의적이며 정치적으로 깨어 있는 과학기술학이다. 과학기술과 인간, 사회의 관계를 읽는 이 세 가지 키워드를 이해하고 나면 해러웨이의 사이보그가 어떤 의미를 갖는지 좀 더 구체적으로 다가올 것이다. '쉬보그'나 '사이버펨'이 사이보그의 전부는 아니다. 이 장에서는 특히 페미니스트 과학기술학 연구의 사례들을 통해 과학기술의 실행이 어떻게 (젠더화된 육체를 갖는) 인간 및 (권력 관계에 의해서 작동하는) 사회와 영향을 주고받는지 살펴볼 것이다.

과학기술이 만들어지는 과정 보기

— 　　　　　　　　　해러웨이의 사이보그는 페미니즘과 과학기술학의 전례없는 융합이었다. 이전까지 젠더와 과학기술은 과학기술학과 페미니즘에서 각각 특별한 경우에만 고려되는 대상이었고, 서로에게 영향을 준다고 생각되지는 않았다. 그러나 과학기술의 구성성을 인정한다는 것은 예전에는 과학기술을 오염시킨다고 여겨졌던 비과학기술적인 요소(정치, 사회, 경제, 문화 등과 관련된 요소)들 역시 과학기술을 구성하는 당연한 성분으로 간주한다는 것을 의미한다. 마찬가지로 젠더 관계가 모든 과학기술이 만들어지는 과정에서 어떤 식으로든 개입될 수 있다고 본다면 페미니스트 과학기술학의 지평은 훨씬 넓어지게 된다. 실제 연구 사례를 통해서 사이보그 과학기

술학을 이해해 보도록 하자. 여기에서는 제시카 반 카먼(Jessika van Kammen)의 피임백신 개발에 대한 연구와 웬디 포크너(Wendy Faulkner)의 컴퓨터 엔지니어링에 대한 인류학적 연구 결과를 예로 들겠다.[11]

반 카먼은 항수정(anti-fertility) 백신의 개발 과정에서 미래 사용자들의 몸이 재현되는 방식과 함께 여성을 대상으로 하는 피임 기술이 구성되는 과정을 분석하였다. 이 사례 연구는 일반적으로 연상되는 피임과 여성 사이의 연관성을 미리 전제하지 않으면서 기술 형성에 젠더가 어떤 영향을 주는지 잘 보여 준다. 반 카먼에 따르면, 인간의 생식 기제를 연구하였던 과학자들의 담론 속에서 가시화되었던 것은 남성의 몸도 아니고 여성의 몸도 아닌 남녀를 통틀어 생식 과정 전체를 관련 물질들의 연쇄로 표현한 이미지였다. 그러나 과학적 텍스트에서 보이지 않았던 남성과 여성의 몸은 이후 두 가지 차원에서 젠더화된다. 우선 항정자 백신 개발 과정에서 암컷 동물을 모델로 하는 연구 전통과 만나면서 여성의 몸을 대상으로 실험을 하게 되었다는 점이다. 그리고 다른 한편에서 제약회사와 임상의들에 의해서 남성의 몸 역시 등장하게 된다. 항체 형성 호르몬과 관련된 백신 개발 과정에서 전립선암 치료 효과를 이용한 시장성과 전립선 암 환자인 남성을 임상실험군으로 활용할 수 있는 가능성 때문이었다.

---

11 van Kammen(1999); Faulkner(2000).

이렇게 반 카먼의 항수정 백신 사례는 피임백신 개발에서 임신하는 몸이라는 여성의 생물학적 조건이 결정적인 요소가 아니었음을 잘 보여 준다. 이 연구가 피임 기술이 여성의 몸만 대상화하였다거나 또는 새로운 기술 개발에서 남성의 몸이 표준화된 몸으로 고려되었다는 식의 설명에서 벗어날 수 있었던 것은 특정 과학기술이 만들어지는 일련의 과정에 주목하였기 때문이다. 이렇게 과학기술을 지식이나 결과물로서만이 아니라 그것이 개발되고 만들어지는 과정에 주목한다면 물질적이고 제도적인 차원에서 사회적 요소가 개입되는 모습을 잘 포착할 수 있다.

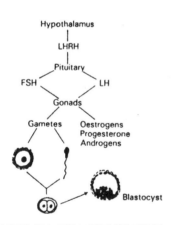

| 인간의 생식 과정을 묘사하기 위해 과학자들이 사용한 도표. 이렇게 과학논문이나 교과서에 등장하는 과학은 사회적 요소들과 무관해 보인다. 그러나 실제로 그들이 어떤 제도화된 환경에서 어떤 물질로 실험을 하는지를 살펴보면 과학적 요소와 사회적 요소는 구분하기 힘들만큼 뒤섞여 있음을 발견하게 될 것이다.(자료: Van Kammen(1999) p.317)

반 카먼이 생물학적 결정론에 빠지지 않고 젠더-기술 관계를 분석하였다면, 포크너의 연구는 문화적 결정론에 의존하지 않는 과학기술 분석의 좋은 사례이다. 포크너는 컴퓨터 소프트웨어 개발자들에 대한 미시적 분석을 통해 담론상에서 배타적으로 구분되었던 기술적인 것과 사회적인 것, 추상성과 구체성, 남성성과 여성성 등의 이항대립적 가치가 구체적인 실천 속에

훨씬 복잡한 방식으로 연결되어 작동함을 보여 주었다. 다시 말해 젠더는 특정한 자질이나 특성이 부착된 고정된 범주가 아니라 마치 텅 빈 그릇 같아서 이항대립적 가치 중 어떤 것이든 담을 수 있는데 바로 그 점이 젠더 질서를 강력하게 만든다는 것이다. 나아가 젠더와 이분화된 범주의 짝패는 거대한 하나의 구조나 문화로서 작동하는 것이 아니라 젠더 질서가 젠더 상징과 같은 문화적 차원과 개별 정체성의 차원, 그리고 성별 분업과 같은 구조적 차원 등과 같이 서로 다른 차원에서 각각 작동하기 때문에 감지나 저항이 더욱 어렵다고 보았다.[12]

예를 들어 "남성은 도구를 잘 다루고 여성은 표현을 잘한다."와 같은 젠더 이분법은 고정된 것이 아니다. 반 카먼에 따르면 남녀 프로그램 개발자 모두 도구적인 문제 풀이와 창의적 표현 능력을 기술적인 측면에 대한 능력과 열정으로 생각하였다. 즉 개발자들은 소프트웨어 개발 업무 자체가 문화적으로 남성적이거나 여성적이라고 인식하지 않았다. 그러나 자신의 정체성에 대해서는 이야기가 달라진다. 남성 엔지니어들은 주로 자신이 섬세한 표현력이 부족하다는 점을 강조하고 여성 엔지니어들은 평소 기술적인 업무 수행에 소극적인 태도를 보이는 것으로 드러난 것이다. 즉 젠더 이분법은 엔지니어링 문화에 대한

---

12 이것을 페미니스트 과학철학자 샌드라 하딩(Sandra Harding)의 젠더 정의를 빌어 이야기하면, 젠더는 젠더 정체성, 젠더화된 사회 구조, 젠더적 상징이라는 세 가지 차원에서 과학기술의 생산부터 일상생활에서의 소비에 이르는 전 과정과 맞물리게 되며 그 과정의 동역학을 보여 주는 것이 (구성주의) 페미니스트 과학기술학자의 임무라고 할 수 있다. 젠더 삼항구조에 대한 자세한 내용은 Harding(1986)을 참고하라.

담론에서는 뚜렷하게 드러나지 않지만 젠더 정체성의 차원에서는 여전히 유지되고 있음을 알 수 있다.

추상성과 구체성이 젠더화되는 방식도 이와 유사하다. 남성들은 엔지니어로서 성장하는 과정에서 호기심이 발동하여 기계를 뜯어 보고 재조립하였던 경험을 언급하며 엔지니어링에서 구체적인 것이 중요하다고 특권화하는 경향이 있었다. 그러나 그들은 동시에 전문적인 엔지니어로 교육받는 과정에서는 추상적인 이론이나 개념의 습득이 중요하다고 강조한다. 또한 실제로 프로그램 개발 업무를 할 때 남녀 개발자 모두 구체적이고 추상적인 접근을 둘 다 시도하는 것으로 보아 역시 일상적으로는 남성성이 정신노동 또는 육체노동 어느 한쪽으로만 상징되지 않음을 보여 준다. 그러나 이렇게 문화와 정체성의 차원에서 젠더화되어 있지 않은 구체성과 추상성이 성별 분업의 구조적 차원에서는 다시 견고하게 되살아난다. 주로 여성과 소수민족 남성들이 대부분을 차지하는 단순 기능직은 엔지니어들에 비해 열등한 지위에 있다는 인식이 바로 그것이다. 이러한 젠더화된 분업의 구조를 정당화하는 것은 남성성과 추상성의 연관성이다. 즉 구조적 차원에서 엔지니어링은 추상적인 일과, 단순 기능직은 구체적인 일과 연결되면서 이들 사이의 위계가 정당화된다.

포크너의 연구는 언뜻 남성적으로 보이는 엔지니어링의 세계에서 젠더 관계가 얼마나 미묘하고 복잡하게 작동하는지를 잘 보여 준다. 젠더를 남성성과 여성성이라는 젠더 정체성뿐만 아

| 미국의 기회평등출판사(Equal Opportunity Publications)에서 1979년부터 발행해 온 잡지 「여성 엔지니어」. 더 많은 여성들이 과학기술 분야에 진출하기 위해서는 어떤 전략이 필요할까? 분명한 것은 과학기술 분야에 종사하기 위해 요구되는 다양한 자질들이 오직 남성 또는 여성이라는 두 개의 젠더화된 몸에 부착된다는 사실 자체가 문제라는 점이다. 그렇다면 사이보그의 몸을 빌리는 전략은 어떨까?

니라 젠더 상징과 구조까지 포함하는 다차원적인 범주로 세분화한 후 실제 현장을 살펴보면 남성성과 여성성이 다양한 이항 대립적 가치들과 전혀 일관적이지 않게 짝을 이룬다는 점이 오히려 젠더 질서를 강력하게 유지시킨다는 사실을 발견하게 된다. 예를 들어 추상성은 어떤 경우에는 여성성과 연결되고 또 다른 경우에는 남성성과도 연결된다. 그럼에도 불구하고 이원론적 젠더 구분이 불평등한 젠더 관계의 구조와 역사를 지속하는 데에 유용하게 사용되어 온 이유는 여성성이 항상 두 개의 항 중에서 열등한 항과 연관된다는 점 때문이다. 포크너의 사례 연구는 과학기술의 구성성을 중심에 두고 사회를 바라본다면 과학기술의 실행 속에서 다양한 사회적 위계 질서가 어떻게 유지 및 강화되는지 분석할 수 있을 것임을 시사한다.

과학기술, 그리고 사물과 육체

— 해러웨이의 사이보그는 자연 대 문화의 구분을 고정된 것으로 보지 않는다. 물론 그 경계의 구성성이 자연을 마음대로 바꿀 수 있음을 뜻하는 것은 아니다. 그럼에도 불구하고 여성에 대한 억압 및 배제를 생물학적으로 성당화하는 담론을 비판하기 위해 몸을 고정된 것으로 보지 않고 언제든 다시 쓸 수 있는 텍스트로 이론화하는 이들에게 사이보그는 상징적인 존재였다. 그러나 우리의 몸은 단순한 기호나 텍스트가 아니다. 몸은 우리의 의지와 무관하게 생명 활동을 하는 생물학적인 존재이자 오감과 희노애락의 원천이며 그렇기 때문에 주체와 분리될 수 없는 존재이다. 이 때문에 몸이 텍스트와 기호로 환원되는 것은 오히려 주체와 육체, 이성과 감정, 그

| 프랑스 행위예술가 오를랑(Orlan)의 작품 '무제(2004)'. 오를랑은 행위예술의 일환으로 직접 수술대에 오르며 남성 중심적 미적 규범에 저항하는 기묘한 몸을 만들어 왔다. 그녀에게 몸은 페미니스트적 저항이 새겨지는 텍스트이다. 그러나 수술장면을 지켜보는 여성들 중에는 그녀의 몸을 페미니스트 텍스트로 읽기보다는 수술로 인한 육체적 고통에 공감하는 이들이 많았다고 한다. 따라서 이런 방식의 포스트모던 페미니스트 예술은 오히려 주체와 육체에 대한 이분법을 강화하는 한계가 있다는 비판이 있다.

리고 자연과 문화 등의 이분법을 강화하는 결과를 낳게 된다.[13]

따라서 사이보그 과학기술학은 생물학적 몸이 사회적 주체에게 제약이면서 자원이기도 하다는 점, 특히 과학기술과 사회가 함께 구성되는 장소로서의 역할을 한다는 점을 보여 준다. 한 사회가 공유하는 문화적 지식이 일상적 경험을 통해 몸에 새겨진다는 점에서 몸은 초월적인 질서와 가치가 구체화되는 장소이다.

사례 연구를 살펴보자. 울프 멜스트롬(Ulf Mellstroem)은 말레이시아의 중국인 기계공에 대한 인류학적 연구를 통해서 기계공의 몸이 젠더와 기술이 새겨지는 장소임을 잘 보여 준다.[14] 멜스트롬의 연구에 따르면 기계공의 교육은 관찰, 직접 해보기, 듣기 등의 운동·감각 능력을 기르는 데에 중점을 둔다는 점에서 몸이 중요한 자원으로 사용된다. "손재주가 있다."라는 표현이 존재하는 것만 봐도 기계공으로서의 능력이 초월적이고 보편적인 지식 체계를 의미하기보다는 임기응변적이고 실험적인 작업의 반복적 수행을 통해서 얻어지는 상당히 육체적인 것임을 알 수 있다.

이 기계공들에게 몸은 지식뿐만 아니라 남성성 그 자체이기도 하다. 그들의 몸에서 발견되는 흉터는 기계공이자 남성으로서의 정체성이 문자 그대로 몸에 새겨지는 극단적인 예이다. 흉터는 둘로 나누어진다. 첫 번째는 스승의 체벌로 인해 생긴 흉

---

13 이 단락의 논의는 Hird(2003)에 기초하고 있다.

14 Mellstroem(2002).

터이다. 이것은 가부장적 아버지의 권위를 통해 물려받은 육체
적 지식을 상징함으로써 그들이 가부장적 가족 중심적인 공동
체의 상징 구조를 육화하고 있음을 보여 주는 증거가 된다. 두
번째는 오토바이를 몰고 불법으로 거리를 질주하다가 얻은 흉
터로, 이것은 남성성과 기계공으로서의 자질을 한층 더 강하게
입증한다. 그들에게 몸은 곧 지식이고 지식이 곧 그들의 몸이
다. 마치 그들이 작업을 할 때 자신과 자신이 작업을 하는 기계
가 연결되어 있는 것처럼 느끼듯이 기계공에게 몸은 추상적인
가치들이 새겨지고 함께 만들어지는 자원이자 장소이다.

다음으로 과학기술의 물질성에서 육체와 함께 고려의 대상이
되는 것은 사물이다. 사물과 같은 비인간적인 존재를 강조하는
과학기술학으로 잘 알려진 학자는 브루노 라투르(Bruno Latour)이
다. 라투르는 다음과 같이 사물(thing)을 대상(object)과 구분한다.
대상은 기계와 같은 집합체나 과학기술의 최종 완성품을 가리
킨다. 대상은 눈에 보이는 존재이기 때문에 이해가 쉽다. 그러
나 대상의 기하학적 모델이나 아이디어 등이 적힌 문서나 도안
을 연구한다면 그것은 과학기술의 물질성을 제대로 연구하는
것이 아니다. 라투르가 주목하는 것은 사물이다. 사물은 대상이
최종 완성되기 전의 존재들로, 대상으로 조립되는 과정에 있기
때문에 대상에 비해서 겉으로 드러나지 않아 이해가 어렵다.[15]

눈에 보이는 대상을 연구하는 것과 대상이 만들어지는 과정

---

15 이 단락에서 라투르의 논의는 Latour(2007)에 기초하고 있다.

의 사물을 연구하는 것은 분명히 다르다. 예를 들어 콜롬비아 우주왕복선 폭발의 원인을 규명할 때 대상만을 본다면 우주왕복선의 기술적 아이디어나 제작 도안 등을 검토하는 것으로 충분하다. 하지만 사물을 보려면 그러한 기술적 아이디어가 어떤 부품으로 실현되었고 어떤 과정으로 제작되었는지를 살펴보아야 한다. 왜냐하면 우주왕복선은 실제로는 보편적인 기술적 원리 및 규칙을 적어 놓은 매뉴얼이나 모델이 아니라 수많은 인력에 의해서 파편화된 부분으로서 운영되며, 그 과정에서 국소적이고 실용적인 규칙들이 만들어지고 적용되기 때문이다. 따라서 다양한 존재자들이 어떠한 조립 과정을 거쳐서 잘 작동하는 대상이 되는지를 '두껍게' 기술하는 것이 과학기술의 물질성을 잘 묘사하는 사이보그 과학기술학이라고 할 수 있다.

라투르의 몸 이론 역시 해러웨이의 사이보그와 통하는 점이 많다. 라투르에 따르면 인간은 도구라는 매개체를 통해서 세계와 관계를 맺으며 살아간다. 이것은 유기체인 몸과 기계인 도구 그리고 세계가 결국 하나로 연결되어 있음을 뜻한다. 더 이상 도구 및 세계와 연결되지 않는 몸을 우리는 죽음이라고 부르는 것이다. 즉 살아있는 몸을 가지고 있는 것만으로도 우리는 사이보그이다! 이러한 몸의 개념을 좀 더 쉽게 이해하기 위해 다소 특수한 경우인 조향사를 예로 들어 보겠다. 조향사는 보통 사람들보다 더 다양한 향기를 구분하는 능력을 가지고 있다. 그 이유는 그가 여러 가지 도구를 사용한 훈련을 거치면서 우리가 자연스럽다고 생각하는 것보다 훨씬 더 많은 향의 차이를 구별할 수 있는 코를 갖게 되었기 때문이다. 조향사가 감지하지 못한다면 그것은 향기가 없는 것이다. 역으로 새로운 향기가 만들어진다는 것은 그러한 향을 구별할 수 있는 조향사의 육체(코)가 존재한다는 것을 의미한다. 이렇게 우리의 몸과 세상은 도구를 통해서 서로 연결되고 함께 만들어진다.[16]

해러웨이의 사이보그는 라투르의 몸 이론과 함께 결국 유기체 대 기계, 주체 대 육체, 실재 대 허구의 이항대립을 극복할 수 있는 가능성을 제안한다. 이렇게 육체와 사물에 대한 새로운 인식만으로도 세상을 새롭게 인식할 수 있게 된다. 그리고 세상에 대한 새로운 앎을 통해서 새로운 변화의 가능성을 모색해 볼 수 있다. 이것이 바로 사이보그의 몸이 중요한 이유이다.

이론과 현실 사이

—   해러웨이의 사이보그는 정치적 주체로 세상에 등장하였다. 그러나 비장한 선언과 함께 등장한 사이보그의 정치적 프로젝트는 여전히 진행형이다. 사이보그 과학기술학은 과학기술이 물질적이고 육체적인 실행을 통해 만들어지는 것임을 보여 주었다. 구성주의 이론은 과학기술이 본질적으로 특정한 가치를 가지고 있는 것도 아니고 사회적으로 결정되어 있는 것도 아니므로 지금과 다른 과학기술 역시 존재

---

16 이 단락에서 라투르의 논의는 Latour(2004)에 기초하고 있다.

가능하다고 말한다. 그러나 누군가가 사이보그 과학기술학자에게 이렇게 물을 수 있다. "제가 궁금한 것은 그 과학기술이 좋은 것이냐 나쁜 것이냐 입니다. 그래서 시민들이 어떤 선택을 해야 한다는 건가요? 그 과학기술을 계속 사용/개발해도 좋은가요? 아니면 지금부터라도 사용/개발해서는 안 되는 것인가요?" 이것은 현실에 대한 질문이다. 그리고 가치 판단과 선택에 대한 질문이기도 하다. 그래서 정치적인 질문이다. 정치성은 페미니즘과 사이보그 과학기술학이 가장 첨예하게 대립하였던 지점이다. 과학기술의 구성성과 물질성에서 모두 사이보그 과학기술학의 이론과 젠더 현실 사이의 괴리가 문제가 된 것이다.

우선 비키 싱글톤(Vicky Singleton)의 사례 연구에서 나타나는 구성주의 이론과 페미니스트 정치학 사이의 딜레마를 살펴보자. 싱글톤은 영국 자궁경부검사 프로그램을 구성주의 이론으로 분석하는 연구를 하였다. 그런데 연구 발표 후 실제로 한 페미니스트로부터 "여성들이 자궁경부암 검사를 받아야 하나요?"라는 질문을 받았다고 한다. 싱글톤에게 이 질문은 쉽게 답할 수 없는 당혹스러운 질문이었다. 왜냐하면 "검사를 받아야 한다."라고 답하면 자궁경부암 검사를 받지 않는 여성들을 무지한 여성으로 만들게 되고, "검사를 받으면 안 된다."라고 답하면 검사를 받은 여성들을 안타까운 희생자로 만들게 되기 때문이다. 여기에서 더욱 중요한 사실은, 여성에 대한 이러한 이중적인 담론이 자궁경부검사 프로그램이 논란 속에서도 유지되고 있는 이유였고 이것이 싱글톤이 구성주의적 접근으로 밝혀

낸 연구 내용이라는 점이었다. 결국 싱글톤이 어떻게 대답해도 스스로 여성을 억압하는 담론에 기여하게 되고 구성주의 이론을 선택한 나름의 정치적 이유와 충돌하게 되는 상황이었다.

페미니스트의 질문은 무엇이 문제인가? 앞선 질문에서 '여성'이라는 하나의 정체성은 개별 여성들의 수많은 차이를 간과하게 만든다. 아마도 여성들마다 자신만의 상황에 따라 자궁경부암 검사를 받을 수도 있고 받지 않을 수도 있을 것이다. 그러나 이렇게 다양한 협상의 결과가 있을 수 있음을 간과하도록 만드는 것이 억압 담론의 역할이다. 억압 담론은 권력이 억압자와 다른 행위자들 간의 협상의 결과라는 것을 잊게 만들고 그 자체가 원인처럼 보이게 함으로써 작동한다. 따라서 싱글톤의 입장에서는 하나의 여성이라는 이름으로 선택을 하거나 하지 말아야 한다고 말하는 것 자체가 바람직하지 않은 정치적 행동이다.

결국 싱글톤은 "검사를 꼭 받아야만 하는 것은 아니지만 받을 수도 있죠."라고 답할 수밖에 없었다고 한다.[17] 그녀는 자궁경부암 검사 프로그램이 어떻게 작동하는지를 구체적으로 보여 줌으로써 각자 다른 판단 기준을 가진 개별 여성들에게 결정할 수 있는 근거를 제공하는 것이 구성주의 이론의 정치성이라고 생각하였다. 물론 현실적으로 여성들이 올바른 선택을 하도록 이끌고 싶어 하는 페미니스트들에게 이것은 공허하고 비겁하게 들릴 수도 있다. 예를 들어 엠마 웰란(Emma Whelan)과 같은

17　이 부분의 내용은 Singleton(1996)에 기초하고 있다.

페미니스트는 페미니스트 과학기술학이 일상에서 과학과 협상을 하고 결정을 내려야 하는 여성들에게 판단의 근거가 되는 자원을 제공해야 하기에 상대주의적 판단보다는 여성의 이해관계에 입각해서 과학기술을 분석해야 한다고 주장한다.[18] 어떤 쪽이 정치적으로 올바른가?

다음으로 살펴볼 것은 사이보그 과학기술의 물질성과 페미니스트 정치학 사이의 충돌이다. 여기에서 문제는 사물의 행위성이다. 사물의 행위성은 라투르의 행위자 연결망 이론에서 등장하는 개념이다. 행위자 연결망 이론에 따르면 과학기술과 사회는 상호작용하는 두 개의 독립적인 영역이 아니라 인간과 비인간으로 연결되어 분리될 수 없는 영역이다. 이 연결망은 인간과 비인간, 자연과 기술적 인공물이 뒤섞여서 구성되기 때문에 과학기술과 사회, 주체와 대상, 자연과 문화, 국소성과 보편성 등 이분법적인 구분 역시 무의미해진다. 결국 비인간적 존재는 단순한 도구나 수동적인 물질이 아니라 인간과 다를 바 없이 세상에 영향을 미칠 수 있는 존재인 것이다.[19] 라투르가 상상하는 인간과 비인간이 뒤섞여 연결된 세상은 해러웨이의 사이보그적

---

18 Whelan(2001). 유사한 주장으로, 구성주의가 지나치게 상대주의적이라는 점을 지적하며 방법론에만 상대주의를 적용하는 변형이 필요하다는 페미니스트 비판도 있다. 자세한 논의는 Lohan(2000)을 참조하라.

19 브루노 라투르의 과학기술학 또는 그의 행위자–연결망 이론에 관심이 있는 독자들은 다음의 책들을 참고하기 바란다. 브루노 라투르 저, 이세진 역 (2012) 『브뤼노 라투르의 과학인문학 편지』; 김환석(2006) 『과학사회학의 쟁점들』; 브루노 라투르 저, 홍성욱 역(2010) 『인간, 사물, 동맹: 행위자네트워크이론과 테크노사이언스』; 홍성욱(2004) 『과학은 얼마나』.

세계관과 크게 다르지 않다.

모니카 캐스퍼(Monica J. Casper)의 태아 수술에 대한 사례 연구
는 인간이 아닌 존재가 행위성을 갖는다는 사이보그 과학기술
학의 개념이 처한 정치적 딜레마를 잘 보여 준다.[20] 캐스퍼는 태
아 수술의 경우 모체의 일부인 태아에게 행위성이 부여되는 상
황에 주목한다. 태아의 생명을 위해 수술이 필요한 의료적 상황
에서 태아에게 행위성이 부여되면 임신한 여성의 행위성은 사
라진다. 여성이 태아를 위한 물질적 환경을 제공하는 대상으로
환원되기 때문이다. 이것이 문제가 되는 이유는 태아의 행위성
이라는 개념이 낙태 정치학의 영역으로 확장되어 낙태 반대 담
론을 위해 사용되기 때문이다. 임신한 여성 신체의 일부로 간주
되었던 태아에게 행위성을 인정하는 구성주의 이론이 페미니
스트 정치학의 차원에서는 여성의 자율적인 결정권을 억압하
는 도구로 작동하는 것이다. 캐스퍼의 선택은 태아의 행위성을
이론적으로 인정하지 않는 것이었다. 그녀는 현실의 여성을 위
해 비인간적 존재의 행위성이란 이론적 개념을 포기하였다. 그
녀의 정치적 선택은 올바른 것인가?

사이보그 과학기술학의 정치적 딜레마는 아직 해결되지 않았
다. 지금도 사이보그(인간과 사회 그리고 과학기술의 관계)가 어떤 과
정을 거쳐 만들어지고 있는지, 그리고 어떤 육체와 어떤 사물들
로 만들어지고 있는지를 두껍게 기술하는 것만으로는 충분하

---

20 Casper(1994).

지 않다는 비판의 목소리가 여전하다. 사이보그는 지금까지 사회적 억압을 정당화해 온 본질주의와 결정론에 도전해 왔고 인간의 이성에 가려져 소외되어 온 육체와 사물을 전면에 내세워 왔다. 그러나 여전히 많은 사람들이 그것만으로 이 사회를 더 좋은 사회로 만들 수는 없다고 생각한다.

4.
사이보그의
부활[21]

왜 다시 사이보그인가?

—   돌이켜 보건대 첫 번째 사이보그는
우주 정복의 욕망과 냉전의 역사가 남긴 과학기술의 성과였다.
그리고 두 번째 사이보그는 이분법적 세상에 갇힌 서구 문명의
한계를 극복하려는 백인 사회주의 페미니스트의 꿈이었다. 해
러웨이의 사이보그는 사회적인 요소들과 과학기술적인 요소
들, 인간과 사물, 이성과 육체 등 이질적인 것들이 뒤섞여 세상
을 만들어 간다는 것을 다시 한 번 일깨워 주었다. 사이보그의
구성성과 물질성 그리고 정치성은 과학기술과 인간, 사회의 관
계를 고민하였던 다른 연구자들의 논의 속에서도 발견된다. 그

---

21 이 장에서 언급되는 해러웨이의 최근 논의는 Haraway(2012)를 참조하였다.

| 내파되는 별. 내파는 안으로부터의 폭발과 분열이다. 해러웨이는 최근의 글에서 사이보그
가 이질적인 두 존재의 결합이기보다는 오히려 자체적으로 파열된 존재에 가깝다고 재정의
하였다.

런 의미에서 해러웨이의 사이보그는 개인의 상상을 넘어 집단
적으로 공유되는 신화 속의 존재였다. 그러나 현실은 신화와 다
르다. 현실은 신화만으로 바뀌지 않는다. 우리에게 새로운 사이
보그가 필요한 이유가 바로 여기에 있다

사이버네틱스에 사이보그가 없었듯이 「사이보그 선언」에도
사이보그는 없었다. 해러웨이가 "우리가 기술이고 기술이 우
리"라고 하였을 때 '우리'는 누구인가? 「사이보그 선언」에 등
장하는 사이보그의 예는 유색 여성이거나 페미니스트 SF 소설
의 주인공이었다. 그리고 해러웨이는 이후 다른 책에서 생명의

학 실험을 위해 유전자 조작으로 탄생한 실험 쥐인 온코마우스 (Oncomouse)를 살아있는 사이보그의 예로 들었다.[22] 유색 인종과 SF 소설의 주인공, 그리고 온코마우스 모두 해러웨이 자신과는 전혀 다른 몸을 가진 존재들이다. 해러웨이의 사이보그 이론이 제1세계-백인-중산층 여성 편향적이라는 비판을 받거나 여성 의 현실을 낭만화하는 포스트모던 페미니즘으로 받아들여지는 이유 역시 이와 무관하지 않다.[23] 사이보그는 '우리'이기보다는 나와는 다른, 다른 어떤 시공간에 존재하는, 다른 존재였던 것 이다. 여신이기보다는 사이보그가 되겠다는 「사이보그 선언」의 마지막 문장처럼 사이보그는 그저 여신을 대신해 온 것인지도 모른다.

그런 의미에서 이 책은 사이보그를 실재하는 것으로 만들고 자 하는 세 번째 시도이다. 군이 또 사이보그여야 하는 이유는 재생산(reproduction)보다는 재생(regeneration)의 힘을 믿기 때문이 다. 우리는 너무 쉽게 쓰던 것을 버리고 새로운 것을 찾는다. 또 너무 쉽게 우리가 져야 할 책임을 다음 세대에 미룬다. 새로 운 기술이라면 모든 것을 해결해 줄 것이라고 기대하면서 또는 새로운 세대라면 모든 것을 해낼 수 있을 것이라는 희망을 품 으면서 말이다. 그러나 그 기대와 희망이 실현된 적은 결코 없 다. 사이보그의 부활은 사이보그적 의미의 번식이다. 재생산(생

---

22 Haraway(1997).

23 포스트모던 페미니즘에 대한 비판은 Brush(1998), Hird(2003)를 참조하라.

식 또는 번식)은 이성애적 행위와 모체의 희생을 요구한다. 반면 재생(부활 또는 갱생)은 남성과 여성의 구분이 전제된 결합도, 새로 태어날 존재를 위해 기꺼이 희생하기를 요구받는 모체의 존재도 필요하지 않다. 즉 섹스/젠더를 비롯한 모든 이분법적 범주를 극복하기 위해 태어난 사이보그에게 재생산은 어울리지 않는다. [24]

세 번째 사이보그는 '지금 여기'에 있는 우리와 과학기술에 대한 이야기이다. 우리는 유색 인종이나 여성, 페미니스트 등에 국한되지 않으며 과학기술 역시 첨단 정보통신기술이나 생명 공학기술에 한정되지 않는다. 그러나 해러웨이의 사이보그가 가지고 있던 모순, 분열, 접속, 연결이라는 특성은 잃지 않고 있다. 부활은 새로운 존재의 탄생이 아니라 원래 있던 존재의 새로운 삶이다. 제 3세대 사이보그는 제 2세대 사이보그의 유용한 것은 지키고 그렇지 않은 것은 버리는 치유와 재성장을 통해 다시 태어날 것이다.

사이보그는 존재가 아닌 행위

—   제 3세대 사이보그는 캐런 바라드 (Karen Barad)의 행위적 실재론(agential realism)에서 시작된다.[25] 행위적 실재론은 한마디로 실재하는 것이 존재가 아니라 행위임

---

24   이 단락의 논의는 Handlarski(2010)에 근거한다.

을 주장하는 이론이다. 즉 사이보그가 존재가 아닌 행위의 정체성이라는 의미이다. 바라드는 이론 입자물리학으로 박사 학위를 받았으나 현재는 캘리포니아 대학교 교수로서 페미니즘, 철학, 의식의 역사(history of consciousness) 강의를 하고 있는 물리학자이자 철학자, 페미니스트이다. 바라드의 행위적 실재론은 기본적으로 결정론과 본질주의에 반대한다는 점에서 구성주의를 계승하면서도 사이보그 과학기술학의 구성주의와는 다른 차원의 구성주의를 제안한다.

행위적 실재론에 따르면 기본적인 존재론적 단위는 인간, 비인간 또는 사이보그 등과 같은 개체가 아니라 현상이다. 이 현상은 다양한 성분들로 이루어지며 이 성분들이 반복적인 '내재적 상호작용(intra-action)'을 통해서 '물(matter)'[26]로서의 의미를 갖게 된다. 이것은 이전의 사이보그 과학기술학과 완전히 다른 세계관이다. 행위자나 주체가 어떠한 현상을 만드는 것이 아니라, 반대로 범주화되지 않은 성분들이 내적으로 상호작용을 하면서 현상이 만들어지고 이 현상의 효과로 행위자나 주체 또는 대상이라고 불리는 '물'이 탄생하는 것이기 때문이다. 이렇게 되

---

25 캐런 바라드의 행위적 실재론에 대해서는 Barad(1998), Barad(2007), Barad(2011)을 참고하라. 행위적 실재론에 대한 이 장의 해석적 확장은 『한국과학기술학연구』에 실린 저자의 논문 임소연(2011)에서도 다룬 바 있다.

26 matter라는 용어를 '물'로 번역한 이유는 '사물(thing)'이나 '물질(material)'로 번역되는 단어들과 중복을 피하면서도 유관성을 강조하기 위함이다. 그러나 바라드의 글에서 'matter'는 영어의 특성상 명사로도 또는 동사로도 쓰이기 때문에 이 글에서도 문맥에 따라서는 '물' 뿐만 아니라 '중요한 문제나 사안이 되다'와 같은 의미로 쓰였음을 밝힌다.

면 행위성은 인간만의 능력도 아니고 인간과 비인간이 대칭적으로 가지고 있는 속성도 아닌, 내재적 상호작용이라는 행위 자체의 속성이 된다. 사이보그가 존재가 아니라 행위라는 말도 이와 유사하게 이해할 수 있다. 사이보그는 존재가 아니라 행위에 붙여지는 이름인 것이다.

흥미로운 사실은 해러웨이 역시 최근에는 사이보그를 바라드의 행위적 실재론과 유사한 관점으로 재개념화하고 있다는 점이다. 사이보그는 이제 두 존재의 결합으로 이루어진 하나의 혼종적인 존재가 아니라 하나의 존재로 보이지만 내부는 여러 부분으로 분열된, 즉 내파된(imploded) 존재이다. 해러웨이는 2012년에 쓴 글에서 사이보그를 존재론적으로 이질적이고, 역사적으로 위치 지워져 있으며, 물질적으로 풍부하고, 다른 존재들과 관계를 맺으며 바이러스처럼 증식하는 '연결식 끈'으로 형상화하는 것이다. '끈'은 그 자체로 완결된 형상을 가지고 있는, 닫힌 존재가 아니라 유동적이고 다중적인 연결이 가능한, 열린 행위를 형상화하는 것이다. 바라드가 행위적 실재론에서 존재보다 행위를 강조하는 것과 크게 다르지 않다.

그렇다면 왜 '내재적(intra)' 상호작용인가? 일반적으로 상호작용(interaction)은 이미 독립된 두 존재들 사이에서 일어나는 쌍방향적인 행위를 의미한다. 그러나 내재적 상호작용에서는 존재들이 분리되지 않은 상황에서 상호작용이 일어난다. 해러웨이가 사이보그를 내파된 존재로 재해석하고 있는 것과 일치하는 관점이다. 내재적 상호작용이나 내파라는 단어가 중요한 이유는 행위성을 어떻게 볼 것인가와 직결되는 문제이기 때문이다. 행위적 실재론에서 존재의 행위성은 내재적 상호작용을 통해서 사후적으로 만들어지는 결과이다. 그러나 행위성을 세상의 변화를 만드는 능력 또는 다른 행위자들의 행위를 변화시키는 힘이라고 정의한다면 진짜 행위성은 존재 자체에게 주어진 것이 아니라 행위자라는 존재('물')를 만들어 낸 내재적 상호작용의 속성이다. 바라드는 인간과 비인간적 존재에게 가짜 행위성 대신 책임과 가능성이라는 새로운 이름의 능력과 속성을 부여하였다. 이에 대해서는 뒤에서 자세히 설명할 것이다.

존재에서 행위로의 전환은 다른 과학기술학 개념에서도 나타난다. 캐리스 탐슨(Charis Thompson)의 '존재론적 안무(ontological choreography)'가 대표적인 예이다.[27] 탐슨은 미국의 불임클리닉을 연구하면서 불임치료를 받는 여성 환자들의 행위성을 새롭게 이론화하기 위해 존재론적 안무라는 개념을 제안하였다. 그녀에 따르면 여성 환자들이 불임치료 과정을 어떤 경험으로 생각하는가는 거의 전적으로 치료의 성공 여부에 달려 있었다. 임신에 성공한 환자는 자신이 적극적으로 기술을 이용하였음을 강조하며 자신을 행위성을 가진 주체로 인식한 반면, 임신에 실패한 환자는 불임치료가 자신의 몸을 대상화한 것으로 경험하였다. 즉 여성 환자들의 행위성은 성공한 불임치료의 결과물이지 모든 여성들이 가지고 있는 능력이나 속성이 아니었다. 만약 여

---

27 '존재론적 안무'에 대한 자세한 논의는 Thompson(1996)을 참고하라.

성의 행위성을 이론적으로 전제하였더라면 이런 경우 이론과 현실의 격차가 발생할 수밖에 없게 된다.

탐슨이 참여관찰이라는 방법론을 통해서 들여다본 불임클리닉의 일상 속에서 재생산 기술은 여러 사람들과 사물들의 다양한 내재적 상호작용을 통해서 비로소 '재생산 기술'이라는 존재로 만들어진다. 재생산 기술은 본질적으로 여성을 억압하지도 않지만 그렇다고 여성이 원하기만 하면 임신을 가능하게 해 주는 기술도 아니다. 여성들은 치료 과정 동안 대상화되기도 하고 강력한 행위성을 갖기도 한다. 예를 들어 여성 환자들의 몸은 의학적 검사나 치료에 의해서 일방적으로 대상화되지 않는다. 불임클리닉을 방문하기로 결정하는 과정에서 이미 그녀들

| 여러 명의 무용수들이 서로 다르게 움직이지만 전체적으로 조화를 이루어 하나의 작품이 될 수 있게 만드는 것이 안무의 역할이다. 내재적 상호작용(바라드)이나 끈(해러웨이)의 개념도 안무와 비슷하게 이해할 수 있다.(자료: Shutterstock)

은 자신의 몸을 스스로 대상화한다. 여성 환자들은 전문가에 가까운 목격자이기도 하다. 환자가 자신의 몸의 고통이나 불임 병력에 대해서 의사에게 설명하는 행위가 의사의 진단 및 치료 행위에서 결정적인 역할을 하기 때문이다. 이러한 구체적인 지점들은 재생산 기술과 여성의 관계가 어느 한쪽이 다른 한쪽을 온전히 통제하는 방식이 아님을 보여 준다.

요컨대 여성들의 불임치료 기술 실행은 질 안으로 들어오는 사물(탐침, 초음파 이미지, 환자 진료 기록 차트 등)과 여성의 몸(난소, 자궁, 난관 등), 그리고 사람(의료진, 배우자, 가족 등) 등 다양하고 이질적인 존재들이 조화를 이루는 안무와 같다. 그리고 행위성은 불임치료 기술을 사용하는 여성이 아닌 임신이라는 목표를 달성하기 위해 다양한 기술과 사물, 사람 등의 존재들이 어우러져 벌이는 행위 자체에 부여된다. 행위적 실재론의 언어로 표현하면 불임클리닉의 일상적 실행은 과학기술과 여성의 몸이라는 두 존재 사이의 상호작용이라기보다는 둘로 구분되지 않는 다양한 사물과 사람의 행위들 사이의 내재적 상호작용이다.

누구의 책임이고 무엇이 가능한가

—   사이보그적 속성과 행위성이 존재가 아닌 행위에 부여된다는 것은 왜 중요한가? 그보다 더 근본적으로 제 3세대 사이보그는 왜 필요한가? 3장의 마지막에서 다룬 사이보그 과학기술학자의 딜레마를 기억할 것이다. 해

러웨이의 사이보그는 물질적으로 구성되는 과학기술의 상징과 같은 존재였지만 특정 집단의 행위성이 과학기술에 대한 선택으로 이어져야 하는지 저항으로 발현되어야 하는지 또는 인간이 아닌 존재에게도 행위성을 인정해야 하는지 등과 같은 질문에는 명확한 답을 주지 못하는 것처럼 보였다. 따라서 행위적 실재론이 이 문제를 어떻게 해결하는가는 제 3세대 사이보그의 존재 근거라고 해도 과언이 아니다.

앞 장에서 살펴본 캐스퍼의 태아 수술 사례로 돌아가 보자. 캐스퍼는 태아에게 선험적으로 부여된 행위성이 낙태 정치학에 악용된다는 점 때문에 이를 인정하지 않았다. 그러나 그렇다고 태아의 행위성이 언제나 부정적으로 작용하는 것은 아니다. 예를 들어 태아가 행위성을 갖는 존재라는 사실은 태아 성감별 수술을 반대하는 정치적 입장을 위해서는 선용될 수 있다. 그러나 정치적 맥락에 따라 태아의 행위성을 인정하기도 하고 인정하지 않기도 하는 것은 이론적 정합성을 해치게 된다. 나아가 이렇게 현실 정치의 차원에서 어떠한 주체에게 행위성이라는 권능을 부여하는 전략이 사용된다고 해서 연구자 역시 그 행위성을 주어진 것으로 받아들이거나 거부하는 것은 정치적으로도 위험하다. 결국 어느 쪽을 택하든 행위성 담론에 흡수되기 때문이다. 마치 생물학적 결정론을 강하게 부정하는 행위가 자연이 갖는 도덕적, 정치적 인과성에 대한 집착을 반증하는 것처럼, 정치적 상황에 따라 행위성 여부를 결정하는 행위는 행위성에 지나치게 강한 정치적 정당성을 부여하는 결과를 초래한다.

태아와 산모 중 누구에게 행위성을 부여할 것인가는 제 2세대 사이보그가 '만든' 딜레마이다. 바라드에 따르면 태아와 산모 그 누구도 본질적으로 행위성을 갖는 존재는 아니다. 행위성이 부여된 태아라는 '물'은 태아 수술이라는 현상 속에서 내재적 상호작용의 결과로 만들어지는 것일 뿐 태아가 보편적으로 행위성을 갖는 주체인 것은 아니다. 산모노 마찬가지이다. 그렇다면 캐스퍼와 같은 연구자가 주목해야 할 대상은 행위성 자체가 아니라 행위자를 만드는 내재적 상호작용이다. 만약 누군가가 이론적으로 태아의 행위성을 부정하지 않으면서 낙태 반대 담론에 전유되지 않는 연구를 하고 싶다면, 낙태 반대 담론에서 가장 강력한 근거가 되는 태아의 행위성이란 것이 원래부터 주어지는 것이 아니라 만들어진 것임을 밝히면 된다. 행위적 실재론에서 이론과 정치적 현실은 딜레마적 관계가 아니다.

그렇다면 행위성을 둘러싼 이론과 현실의 딜레마가 사라진 이후의 과학기술학은 어떠한 정치적 임무를 수행하는가? 과학기술을 비판적으로 본다는 것은 무엇인가? 이에 대해 바라드는 행위성 대신 책임[28]과 가능성을 보자고 답한다. 여기서 책임은 윤리적이고 감정적인 책임보다는 해명의 능력 및 의무에 가깝다. 즉 과학기술학자의 임무는 과학기술과 관련된 문제를 해명할 의무가 누구에게 있는지, 누가 어떠한 책임을 져야 하는지

---

28 여기서 '책임'은 'accountability'를 번역한 것이다. 책임감(responsibility)이 감정적이거나 윤리적인 의무를 주로 지칭하는 반면 책임(accountability)은 문제에 대한 책임감을 포함하면서도 그에 대한 해명(accounts)을 만드는 능력과 의무를 강조하기 때문에 책임감과 다르다.

등을 밝히는 것이다. 가능성은 과학기술이 갖는 예측불가능한 효과를 뜻한다. 누구도 완벽하게 과학기술의 가능성을 예측하거나 통제할 수 없다. 따라서 과학기술학자는 최대한 그 가능성이 발현되는 과정, 즉 과학기술이 실행되는 과정을 따라가며 어떤 사물과 사람, 가치, 지식 등이 개입되는지를 구체적으로 기술하는 일을 해야 한다.

다시 캐스퍼의 태아 수술 사례로 돌아가서 '책임'의 문제를 살펴보자. 캐스퍼는 태아의 행위성을 부정하고 산모에게 행위성을 부여하는 결정을 내렸다. 그러나 산모에게만 행위성이 독점되는 경우 태아 수술의 결과에 대한 모든 책임을 산모 여성이 지게 하는 구실을 제공할 수도 있다. 따라서 연구자가 할 일은 태아에게 행위성이 부여되는 담론이 만들어진 과정, 그리고 그 과정에서 건강관리 체계나 의료시스템 또는 빈부 격차와 같은 더 큰 사회구조에 이르기까지 누가 어떤 책임을 지고 있는지를 밝히는 일일 것이다.

끝으로 '가능성'에 대한 사례를 보자. 레즈비언이 재생산 기술의 도움으로 아이를 가질 수 있게 된 것은 서로 다른 두 가지의 가능성을 의미한다. 남녀의 성적 결합이 없이도 임신이 가능하다는 것은 이성애 가족 문화를 약화시키기도 하지만 동시에 생물학적인 가족의 가치를 더욱 강하게 만드는 쪽으로 작용할 수도 있기 때문이다. 즉 레즈비언이 재생산 기술을 통해 행위성을 갖게 된다고 해서 그것이 반드시 페미니스트 정치학의 차원에서 전복이나 저항적인 효과를 발휘하는 것은 아니다. 따라서 우리가 관심을 가져야 하는 것은 어떠한 내재적 상호작용이 그러한 가능성을 만들어 내는 것인가이다. 이렇게 특정 과학기술의 현상 속에서 누가 행위성을 갖거나 갖지 않는 것으로 담론화되는가 또는 누가 책임을 지고 무엇이 가능해지는가 등을 분석하는 것은 단순히 여성의 행위성을 주장하는 것보다 더 강력한 정치적 프로젝트가 될 수 있다.

보이지 않는 것을 보기

— 　　　　　　　　　　　사이보그가 존재가 아니라 행위라고 해서 존재가 더 이상 중요하지 않다는 것은 아니다. 오히려 행위에 주목할수록 우리는 더 많은 존재들과 그것들의 더 중요한 역할을 발견하게 된다. 이질적인 행위 자체에 주목하는 순간 우리가 당연히 중요하다고 생각하였던 존재들 사이에서 어쩌면 더 중요할 수도 있는 존재들이 비로소 그 모습을 드러낸다. 바라드가 예로 들고 있는 유명한 물리학 실험을 따라가 보자. 스턴-게를라흐 실험은 오토 스턴(Otto Stern)과 왈터 게를라흐(Walther Gerlach)라는 두 물리학자가 1922년에 수행하였던 실험으로, 전자의 스핀이 존재함을 입증한 실험으로 알려져 있다.

이 실험에서 주목해야 할 것은 실험의 성공을 위해서 실험 장비와 두 과학자 이외에 또 다른 존재가 필요하였다는 사실이다. 나중에 알려진 일화에 따르면 이 실험의 성공에는 게를라흐의 '시가'가 결정적인 역할을 하였다. 당시 대학 조교수였던 게를

| 과학자들이 매일 무엇을 하는지 보기 위해 실험실을 방문한다면 수많은 기계 장치들을 보고 놀라게 될 것이다.(자료: Shutterstock)

라흐는 넉넉지 않은 월급으로 생활해야만 하였기 때문에 비싸고 질 좋은 시가 대신 황 성분이 많이 포함된 값싼 시가를 피웠다. 그러던 어느 날 스턴은 실험 결과가 제대로 나오지 않는다며 게를라흐를 불렀고, 게를라흐는 실험장치에 있던 은판을 얼굴에 바짝 갖다 대고 전자의 스핀 흔적을 살피기 시작하였다. 그러자 게를라흐의 날숨 속 미세한 양의 황 성분이 은판에 흡수되면서 반응하여 은판의 표면이 검은색의 황화은으로 바뀌게 되었고 은색 배경에서는 잘 보이지 않았던 전자의 궤적이 눈에 보이게 되었다고 한다.

이 일화에 따르면, 게를라흐의 '시가'는 이 실험의 행위자이다. 스턴-게를라흐의 실험은 하찮은 싸구려 시가조차 중요한 행위자가 될 수 있음을 보여 주는 극적인 사례이다. 여기에서 시가의 행위성은 본질적으로 주어지는 것이 아니라 예측하거나 통제할 수 없는 사물의 가능성에서 기인하는 속성이며, 실험이라는 구체적인 실행을 통해서 만들어진 것이다. 물론 스턴-게를라흐 실험에서 두 과학자의 역할과 은판이나 자석, 전자조사장치 등과 같은 다른 사물의 역할도 중요하다. 그러나 우리가 이미 중요하다고 생각하는 존재들에만 집중하는 한 시가는 보이지 않는다. 그리고 시가의 행위성을 알아차리지 못한다면 이 실험은 단 한 번의 성공으로 끝나는, 재연불가능한 실험이 되고 만다.

스턴-게를라흐 실험에서의 시가는 수잔 레이 스타(Susan Leigh Star)의 '보이지 않는 것들(the invisible)'이라는 개념과도 연결된다. 스타는 보이지 않는 것들을 특정 연결망의 외부자이면서 내부자인 존재들로 정의하였다. 이들은 연결망의 외부에도 그리고 내부에도 온전히 속하지 못하기에 비가시화되는 존재이다. 스턴-게를라흐 실험에서 시가가 정확히 그런 존재이다. 실험의 성공에 결정적인 영향을 준 사물이라는 점에서 시가는 분명히 실험장치의 일부이다. 그러나 양자역학 교과서가

| 르네 마그리트(Rene Magritte)의 '이미지의 반역(1929)'. 프랑스어로 "이것은 파이프가 아니다."라고 쓰여 있다. 그렇다면 게를라흐의 시가는 시가인가?

설명하는 스턴-게를라흐 실험 속에 시가는 없다. 즉 시가는 공식적으로는 실험장치에 속하지 않는다. 실제 실험에서는 중요한 역할을 하였던 사물이 공식화된 실험 속에서는 사라지게 된 것이다.

스타는 자신의 일상 속에서 '보이지 않는 것들'의 의미를 잘 보여 주는 사례를 찾아냈다. 양파 알레르기가 있는 스타는 대형 햄버거 체인점에서 햄버거를 주문할 때마다 양파를 빼달라는 주문을 별도로 해야만 하였다. 햄버거를 구매하는 고객이라는 점에서 스타는 분명히 햄버거 연결망의 내부자이다. 그러나 그녀가 원하는 양파를 뺀 햄버거가 표준화된 매뉴얼에서 벗어나 있다는 점에서는 외부자라고도 볼 수 있다. 스타와 같이 표준에서 벗어난 주문을 해야 하는 고객들은 오직 주문을 하는 그 순간에만 존재를 드러내고는 사라진다. 그러나 생각해 보면 그렇게 매번 표준에서 벗어난 햄버거를 주문해야 하는 고객들의 번거로움 덕분에 표준화된 햄버거 체인이 굳이 매뉴얼을 바꾸지 않고도 영업을 계속할 수 있다. 즉 공적으로 안정된 연결망은 그 연결망의 표준에서 벗어나는 수많은 이들의 사적인 고통이 있기에 가능하다는 것이다. 그러나 그 사적인 고통은 공식적으로는 존재하지 않는 것처럼 여겨진다.

보이지 않는 것들은 실행 속에서 사적인 고통으로 나타날 뿐만 아니라 저평가되는 노동으로 존재한다. 간호사들의 노동이 전형적이다. 의료 행위에는 의사의 진단이나 처방과 같은 공식적인 절차들도 존재하지만 환자들의 필요에 실시간으로 대응하고 환자 보호자들을 다독이거나 응급 상황에서 의사가 찾는 의료품을 찾아 주는 것과 같은 간호사들의 일 또한 필수적이다. 그러나 대개 간호사들의 돌봄 노동이나 의료보조 활동은 의사의 치료 행위에 비해서는 공식적으로 드러나지 않는다.

이렇게 공식적으로 인정되는 중요한 존재가 아닌 실제 행위가 이루어지는 실행에 주목함으로써 우리는 과학기술의 구성성과 물질성을 더욱 세밀하게 포착할 수 있다. 그리고 그렇게 되면 보이지 않던 존재들의 고통과 노동이 공적으로 드러남으로써 현실적인 문제를 해결하는 데에도 기여하게 된다. 즉 사이보그의 정치적 딜레마는 더 이상 딜레마가 아니다. 오히려 더 구성적이고 물질적일수록 더 정치적일 수 있다.[29]

---

29 이 단락의 내용은 두 개의 논문 Star(1991)와 Star(1995)에 근거한다.

5.
사이보그로
살아가기

지금 여기에서 살아가고 있는 사이보그를 위하여

— 해러웨이는 이미 30여 년 전에 '우리가 기술이고 기술이 곧 우리'임을 선언하였다. 해러웨이는 여전히 옳다. 그러나 이미 언급하였듯이 해러웨이의 사이보그는 SF 소설 또는 개발도상국가나 제 3세계, 그리고 첨단 생명공학 연구소의 실험실에서 발견된 존재들이다. 사이보그가 탄생하기까지 어떠한 것들이 유지되고 또 어떠한 것들이 버려지는지, 그에 따라 보이지 않는 존재들이 어떠한 고통을 받거나 은밀한 기쁨을 누리는지 등은 우리의 이야기로 쓰이지 않았다. 1980년대의 사이보그는 분명 매력적으로 빛났지만 우리의 삶과 거리가 먼 화려함은 공허하기 쉽다.

이제, 지금 여기에서 살아가고 있는 우리 모두를 형상화하는

| 지금 대한민국의 수많은 사이보그들은
어떻게 살아가고 있는가?

사이보그가 필요하다. 제 3세대 사이보그는 해러웨이 사이보그
의 다섯 가지 특징 중 신화를 제외한 모순, 분열, 접속, 연결 등
을 계승한다. 신화를 제외한 이유는 세 번째 사이보그가 SF 소
설이나 신화 속 주인공도 아니고 저항 의식에 불타는 페미니스
트 전사도 아닌 평범한 우리 모두의 모습이기 때문이다. 사실
모순, 분열, 접속, 연결은 우리 삶의 특성이다. 우리가 매일 매
일 살아가는 삶은 말이 안 되는 일들로 가득하고 우리 자신조차
항상 일관적이거나 논리적으로 행동하지는 않는다. 우리는 직
접적인 경험을 통해서 그리고 인터넷과 대중 매체, 문화 상품이
제공하는 정보 속에서 각자의 세상을 만들어간다. 우리의 삶은
때로는 의도적으로 때로는 전혀 의도하지 않게 다른 이들의 삶

을 변화시키기도 한다. 이렇게 제 3세대 사이보그는 더 모순적이고 더 분열된, 더 다양하게 접속하고 더 많이 연결되는 현재의 삶을 살아가고 있는 우리들이다.

제 3세대 사이보그가 이전의 사이보그들과 가장 차별화되는 점은 삶에 대한 애착과 의지이다. 거대한 담론과 비판은 제 3세대 사이보그와는 어울리지 않는다. 우리의 삶은 서로서로가 모두 다른 작은 이야기이다. 따라서 우리가 사는 세상을 변화시키고 싶다면 남의 삶을 비판하기보다는 서로의 이야기에 귀를 기울이고 접속과 연결의 지점을 찾아내야 한다.

지금까지 수많은 평범한 사람들의 삶이 거대한 역사나 이념, 이론 등을 만들고 정당화하기 위해서 동원되어 왔다. 해러웨이의 사이보그도 결국 마찬가지이다. 생명의료기술과 정보통신기술이 발달하고 게다가 유색 인종의 나라이며 한때 개발도상국이었던(즉 제 2세대 사이보그 신화의 배경으로 거의 모든 조건을 갖추고 있는) 한국 사회에서조차 사이보그는 이론적 논의만 반짝 주목을 받았을 뿐 더욱 깊이 있는 논의로 이어지지는 않았다. 예를 들어 한국의 성형산업의 발전을 비판하는 담론에서 한국 여성들은 종종 사이보그에 비유된다. 그러나 이 때의 사이보그는 비판을 위해 사용되는 것일 뿐 정작 그 사이보그 여성들의 이야기를 진지하게 듣고 발전적인 변화를 모색하려는 이들은 거의 없다. 거대한 사이보그 담론은 그렇게 수많은 한국 여성들의 작은 이야기들을 집어삼켜 왔다. 그리고 성형산업에 대한 비판은 늘 거기에서 멈춘다.

그래서 지금 이 글을 읽고 있는 당신의 삶이 중요하다. 우리의 경험과 목소리가 거대한 담론의 일부로 편입되어 똑같은 삶을 살았던 것으로 기억되지 않기 위해서는 다양한 모습 그대로 살아나가야 한다. 그래서 삶에 대한 애착과 의지는 다양한 차이가 삭제되지 않은 주체를 이론화하는 데 그 무엇보다 큰 동기가 된다. 삶만큼 다양하고 모순적이며, 끊임없는 협상과 협력이 요구되는 행위는 없다. 제 3세대 사이보그는 그러한 삶의 모순과 조화를 그려낼 수 있는 언어를 우리의 삶 속에서 찾으려는 시도이다.

사이보그로 살아가기(1): 비판에서 돌봄으로

—   우리는 새로운 기술이 등장할 때 '탄생'이라는 단어를 쓴다. 기술은 인간의 손과 머리뿐만 아니라 가슴을 통해서도 태어난다. 하나의 새로운 기술이 탄생하기 위해서는 지식과 노동뿐만 아니라 새로운 생명이 태어나기라도 하는 것처럼 사랑(꿈과 열정, 증오와 애정, 두려움, 설렘 등의 다양한 감정을 모두 포함하는 의미로서)이 수반된다. 새로운 생명이 사랑의 결실이듯이 기술의 혁신과 발전에서 가장 중요한 것도 사랑이다. 우연한 발견으로부터 시작되든 오랜 시간의 고민과 개발 과정을 거치든 기술은 개인과 집단으로서의 인간에 의해서 만들어지는 존재이다. 그렇다면 좋은 과학기술을 만드는 것은 태어난 아이를 좋은 사람으로 성장시키는 것과 비슷하지 않을까?

태어나는 순간부터 나쁜 아이는 없다. 사실 착한 아이와 나쁜 아이의 이분법은 무의미하다. 나쁜 아이는 태어나는 것이 아니라 만들어지는 존재이기 때문이다. 기술도 마찬가지이다. 모든 아이들은 사랑의 결실로 태어나지만 그렇다고 해서 모두가 좋은 사람으로 자라는 것은 아니다. 축복받지 못한 생명이었다고 해도 가족과 사회가 잘 돌보면 자라면서 주변의 사랑과 신뢰를 받는 사람이 될 수도 있고, 반대로 모든 이들의 환호 속에서 태어났다고 해도 반드시 사회에 좋은 영향을 주는 사람이 되리라는 보장은 없다. 어떻게 태어나는가 만큼 중요한 것이 어떻게 자라는가이다.

| 대표적인 돌봄 행위인 양육은 어머니와 아이 사이의 애착 '관계', 아이의 성장에 기여하는 어머니의 실질적인 행위, 그리고 양육에 대한 어머니의 의무를 모두 포함한다. 과학기술에 대한 돌봄 역시 이와 마찬가지이다. 다만 전통적인 돌봄이 주로 여성이 전담하는 노동이자 사적인 관계를 위한 행위였다면 과학기술시대의 돌봄은 남녀의 구분을 뛰어넘는 공적인 행위로 확장된다는 점에서 다르다.(자료: Shutterstock)

아이든 과학기술이든 좋은 존재가 되기 위해서는 끊임없는 '돌봄'이 필요하다. 혹독한 비판과 비난만 듣고 자란 아이는 좋은 어른이 되기 어렵다고들 한다. 그럼에도 불구하고 과학기술에 대해서 진지하게 생각하라고 하면 비판부터 해야 한다고 생각하는 사람들이 많다. 문제가 생기면 사회를 비판하고 과학기술을 비판한다. 특히 지식인이나 학자의 경우 영향력이 큰 만큼 비판의 힘도 더 크다. 그들은 틈만 나면 나쁜 기술을 지목하고 더 좋은 새로운 기술로 바꿔야 한다거나 아예 그런 종류의 기술은 만들지 못하게 해야 한다고 소리를 높인다. 과학자와 엔지니어는 새로운 기술을 창조해 내고 정치가나 사회과학자, 사회운동가들은 그러한 기술을 개발하게 둘지 말지 또는 운영이나 사용을 지속시킬 것인지 아닌지를 두고 논쟁을 벌인다.

기술은 애초에 고안한 대로만 작동하고 사용되는 수동적인 존재가 아니다. 그렇다고 과학기술이 스스로 의지와 생명력을 가졌다는 뜻은 아니다. 과학기술의 예측불가능성과 가능성은 그것이 다양한 이해관계를 가진 수많은 사람들에 의해서 만들어지고 사용된다는 사실에서 기인한다. 과학기술은 과학자의 실험실이나 엔지니어의 작업장에서 태어난다. 물론 현대 사회에서의 과학기술이 소수의 과학자나 엔지니어의 손을 통해서만 만들어지는 것은 아니다. 이미 만들어지는 단계에서부터 그들이 속한 팀이나 회사, 정부나 사회단체 등의 다양한 이해관계자들이 개입한다. 여기에 어떤 기술이 시장에 나와 소비자들의 구매가 시작되고 또 그와 유사한 상품들이 시장에서 경쟁할 때가 되면 이 기술이 어떻게 사용되고 어떻게 변화할 것인지에 대한 예측이나 통제가 점점 더 어려워진다. 이렇게 과학기술에는 수많은 사람들이 개입되어 있기 때문에 아무리 개발 단계에서 사회적, 윤리적 문제를 고려한다고 하더라도 100퍼센트 완벽하게 예측가능하고 통제가능한 기술이란 있을 수 없다.

그렇다면 기술을 돌본다는 것은 무엇인가? 마리아 들 라 벨라카사(Maria Puig de la Bellacasa)는 돌봄과 비판을 분석자와 분석 대상 사이의 거리로 구분한다. 분석자가 분석 대상과 거리를 두고 바라보는 것이 비판이라면 돌봄은 분석자와 분석 대상과의 거리가 훨씬 더 가깝다. 들 라 벨라카사는 돌봄의 특징을 다음의 세 가지로 정의하였다.[30] 첫째, 돌봄은 대상과 감정적인 차원의 관계를 맺는다. 둘째, 돌봄은 물질적인 행위를 동반한다. 셋째, 돌봄은 윤리적·정치적 의무를 포함한다. 따라서 어떤 과학기술이 사회적 논쟁의 대상이 될 때, 과학기술을 비판하는 사람은 그의 주장이 객관적임을 강조하지만 과학기술을 돌보는 사람은 그 문제와 관련된 사람들이 책임감을 느낄 수 있도록 상황을 기술하여 문제를 해명하는 데 집중한다.

기술을 돌본다는 것은 무조건 그 기술의 지속과 개발을 주장하며 옹호하는 것이 아니다. 또는 그 기술의 연결망 속에서 소외되거나 고통 받는 이들을 대변하고 반대로 그를 통해서 이익

---

30 '돌봄'은 특히 페미니즘과 과학기술학의 접점에서 큰 화두가 되고 있다. 특히 여기에서는 들 라 벨라카사의 두 논문 de la Bellacasa(2009)와 de la Bellacasa(2011)을 참조하였다.

을 본 사람들을 폭로하여 비난의 대상이 되게 하는 것도 아니다. 돌봄의 목적은 과학기술이 특정한 이들을 위해서가 아니라 가능한 많은 사람들의 편익을 증대하고 고충을 해소하는 방향으로 사용되도록 하는 것이다. 즉 과학기술을 점점 더 좋은 것으로 만들어가는 것이 돌봄의 궁극적인 목적이다. 그리고 과학기술을 더 좋은 것으로 만들기 위해서는 다양한 이해관계를 가진 사람들의 변화가 필요하며, 그 다양한 이해관계를 이해하고 공통의 이해관계로 번역해 내는 것이 과학기술을 돌보는 행위라고 할 수 있다.

예를 들어 자동차가 대기오염을 일으키기 때문에 환경파괴적인 기술이라고 비판하는 사람은 환경을 위해 자동차를 버리고 걸어 다니자는 캠페인을 벌이는 환경 단체의 지지를 받을 것이다. 그러나 이러한 비판은 자동차를 생산하고 판매하는 기업이나 관련 전문가들, 또는 자동차를 구매하고 사용하는 과정에서 다양한 만족감을 얻는 소비자들 등 자동차와 연결되어 있는 다양한 이들의 이해관계로 쉽게 번역되지 않는다. 자동차는 환경적인 측면으로만 평가될 수 없는 다양한 목적을 위해서 개발되고 사용되기 때문에 하나의 측면에서 비판을 하다 보면 다른 측면의 효용을 긍정적으로 받아들이는 사람들을 환경파괴에 동조하는 이들로 만들 우려가 있다. 그렇게 되면 자동차에 대해서 서로 다른 이해관계를 갖는 집단들 사이의 갈등이 오히려 증폭되고 반감을 갖게 됨으로써 오히려 사회적 합의를 만들어가는 데에 장애가 될 수 있다.

반면 자동차를 돌봄의 대상으로 접근하는 사람은 피해자 대 수혜자, 좋은 기술 대 나쁜 기술 등의 이분법적 언어를 사용하지 않는다. 대신 자동차가 유발하는 환경문제를 자동차의 다른 목적이나 효용, 관련된 사람들의 다양한 이해관계와 연결시켜서 작은 접점이라도 찾기 위해 노력한다. 일단 접점이 만들어지고 나면 관련자들이 환경문제를 자신과 관련된 문제이고 자신의 이해관계와 부합하는 측면이 있다고 믿게 되며 결국 책임감과 사회적 의무감을 느끼게 할 수 있다. 이렇게 관련된 많은 이들이 자동차의 환경문제를 대하는 태도가 바뀌고 합의점을 찾아야겠다는 의지를 갖게 되면 비로소 자동차 기술이 좋은 기술로 변화할 수 있는 가능성이 시작된다. 즉 상대방의 비난과 비판에 대응하고 방어하게 만드는 것이 아니라 스스로 변화를 일으킬 수 있는 힘을 가진 행위자로 행동하게 만드는 것이다. 비판은 서로가 서로를 바라볼 수 있는 거리를 전제로 하지만 돌봄은 우리가 모두 어떤 지점에서는 연결되어 있음을 확인하는 데에서부터 출발한다.

　지금 여기에서 수많은 과학기술을 만들고 또 이용하며 살아가는 우리에게 돌봄은 비판보다 더 유용하다. 돌봄은 비판보다 덜 날카로운 만큼 상대에게 상처를 덜 준다. 그래서 그만큼 사회적 갈등 상황을 덜 일으키고 다른 의견을 포용하고 협상에 임할 수 있는 감정적 여유를 준다. 결국 돌봄은 나와 다른 생각을 가진 사람들과 함께 살아가기 위한 방법이다. 하나의 과학기술에는 그것을 만든 사람과 사용하는 사람, 또는 이득을 얻는 사

| 인도 거리의 타자수들. 한때는 전문직 종으로 각광을 받았으나 컴퓨터가 대중화되면서 직업이 사라질 위기에 처해 있다고 한다.

람과 피해를 입는 사람만 존재하는 것이 아니다. 특히 과학기술을 유지하고 보수하는 이들 그리고 유통 및 판매에 종사하는 이들은 과학기술을 만들고 사용하는 이들만큼이나 많다. 우리가 모두 사이보그라고 할 때 그것은 기술 없이 살 수 없는 우리 자신의 모습을 가리키는 것이기도 하지만, 우리가 지금 이 순간 사용하는 하나의 기술이 보이지 않는 수많은 사람들의 삶과 노동이 있기에 가능함을 깨닫는 것이기도 하다.

따라서 과학기술이 만들어진 후 그것의 생사는 곧 관련된 사람들의 생사와 같다. 지금 우리가 사용하는 하나의 기술은 우리의 삶뿐만 아니라 그 기술을 만들고 유지·보수하고 유통하고 판매하는 이들의 삶 속에도 존재한다. 예를 들어 지금도 인도의 거리에는 타자치는 일로 생계를 유지하는 이들이 있다. 타자기라는 기술이 탄생하면서 거리의 타자수들이 생겨났으나 이제 컴퓨터 문서작업이 보편화되면서 타자기는 오래된 기술이 되었고 타자수는 사양 직종이 되어 가고 있다. 타자기의 삶은 이

거리의 타자수들의 삶과 다르지 않다. 기술을 돌보는 것이 곧 사람을 돌보는 것과 같다는 말은 사실 단순한 비유가 아니다.

사이보그로 살아가기(2): 큰 질문에서 작은 질문으로

— 돌봄은 완벽한 과학기술의 탄생을 꿈꾸는 대신 어떤 존재도 완벽할 수 없음을 겸허하게 인정하는 것으로부터 시작한다. 그리고 그 불완전함을 방치하는 대신 최선을 다해서 개선하려는 노력이 돌봄이다. 그렇다면 이런 돌봄의 시대에 우리는 과학기술에 대해서 어떠한 이야기를 할 수 있을까? 과학기술을 찬양하는 것도 비판하는 것도 아니라면 도대체 과학기술에 대해서 어떤 이야기를 할 수 있을까? 답은 사이보그인 우리의 경험 속에 있다.

바라보는 사이보그와 자신의 몸으로 경험하는 사이보그는 완전히 다르다. 재미있는 것은 사이보그라는 기호를 만든 장본인인 해러웨이가 최근에는 스스로 사이보그임을 선언하였다는 사실이다. 최근 들어 해러웨이는 사이보그가 지나치게 첨단 기술화되는 것은 그녀가 원하는 바가 아니며 사이보그가 단순히 기계와 인간의 혼종적 주체로 형상화되어서는 안 된다고 말한다. 사이보그는 새롭게 출현한 하나의 주체적 형상이 아니라 우리의 삶이 다양한 공간 및 시간, 그리고 존재들과 다층적으로 얽혀 있고 끊임없이 과학기술과 함께 만들어지고 있는 모습 자체를 의미한다는 것이다. 해러웨이의 변화된 생각은 이 책이 제안하는 제3세대 사이보그의 의미와 매우 유사하다.

해러웨이의 변화는 자신의 경험에서부터 시작되었다. 유색인종의 글쓰기, 실험실에서 만들어진 쥐, SF 소설의 주인공 등을 이야기하던 해러웨이가 자신의 이야기를 하기 시작한 것이다. 해러웨이는 수년 전부터 폐경 후 여성호르몬 치료제를 복용해 왔으며 공교롭게도 그녀의 반려동물 역시 난소적출수술을 받은 후 합성호르몬제를 복용하였다. 자신과 반려동물의 경험 속에서 해러웨이는 우리의 삶이 그 규모나 시공간, 물질적인 측면에서 생각하였던 것보다 훨씬 더 다층적으로 서로 얽혀 있음을 깨닫게 되었다고 한다.

예를 들어 작은 호르몬제 한 알이 어떻게 세상과 연결되는지 해러웨이의 설명을 따라가 보자. 1930년 캐나다 제약회사와 맥길대학교의 내분비학자가 공동 개발한 최초의 경구용 여성호르몬 치료제는 임신 말기의 캐나다 여성의 소변에서 추출한 것이었다. 그러나 1941년부터 여성호르몬 치료제를 시판할 수 있었던 것은 1939년 독일 연구자들이 임신한 암말의 소변에서 안정적으로 호르몬을 추출해 냈기 때문이었다. 그 결과로 폐경기 여성들에게 호르몬 처방이 일상화되었으리라는 것은 짐작할 만하다. 그러나 문제는 제약산업과는 전혀 무관해 보이는 캐나다 축산업에도 변화가 생겼다는 사실이다. 제약회사와 계약을 맺고 임신한 암말의 소변을 공급하여 돈을 벌 수 있게 되자 많은 캐나다 농민들이 암말을 기르기 시작하였다. 그러나 제약회사와 농민 사이의 불평등한 수익구조로 농가가 어려움을 겪게 되면서 임신한 암말은 우리 안에 갇힌 채 비만과 질병에 시달리고 임신에 실패한 암말과 팔리지 않은 망아지들이 도살되는 일이 비일비재해졌다. 그러면서 동물복지운동이 일어났고 이와 함께 여성호르몬을 인위적으로 합성하거나 식물유도성분으로 대체하는 기술이 개발되면서 캐나다의 축산업 구조는 다시 변화를 겪게 되었다.

지금까지 폐경 치료제는 주로 생명정치(bio-politics)의 문제이자 여성 건강의 문제로만 다루어져 왔다. 그러나 이렇게 구체적인 과정을 따라가다 보면 이것이 동물 복지와 축산업의 문제이기도 하다는 사실을 발견하게 된다. 해러웨이의 이야기는 과학기술의 시대에 우리에게 필요한 것이 무엇인지 다시 한 번 일깨워준다. 돌봄은 과학기술이 만들어지고 사용되는 과정에서 다양한 존재들이 서로 얽혀 있는 부분들을 구체적으로 밝히는 작업으로부터 시작된다. 우리가 정말 어떤 대상과 관계를 맺고 책임감과 의무를 느끼기 위해서는 대상이 구체적이어야 한다. 해러웨이 역시 자신의 몸 그리고 사랑하는 반려동물에 대한 책임감에서부터 자신이 캐나다의 암말과 축산업자들 그리고 동물복지운동가 등과 연결되어 있음을 깨닫게 되었던 것이다.

과학기술에 대한 시민의 책임과 의무라는 말은 아주 심각하고 어려운 것처럼 보이지만 실제로는 나와 내 가족, 친구들을 돌보는 마음과 다르지 않다. 우리가 문제를 직접 경험하거나 또는 주변의 가까운 사람들이 경험하게 된다면, 이것을 어떻게 받아들여야 하는지 또 치료가 어떤 효과가 있고 어떤 위험이 있는지, 그래서 어떤 선택을 해야 하는지 나아가 치료 과정에서 힘든 점들은 어떤 것이 있고 불만인 것은 무엇이고 만족한 것은 무엇인지 등 과학기술이 우리 각자의 삶과 구체적으로 만나는 지점에서 많은 것들을 알고 싶어 할 것이고, 또 알게 될 것이다. 이렇게 실제로 사람들에게 책임감을 갖게 만드는 것은 구체적인 경험이고 구체적인 이야기이다. 만약 그렇게 자신이 생각하는 엉킨 곳들을 하나하나 풀어가는 일을 집단적으로 할 수 있다면 그것이 바로 전문가와 대중이 함께 만드는 과학기술의 모습일 것이다.

큰 이야기는 언뜻 늘 새로운 이야기를 하는 것처럼 보이지만 결국 둘 중 하나이다. 첫 번째는 광고 속의 과학기술이다. 이런 종류의 이야기에서 과학기술은 늘 건강과 행복을 약속한다. 두 번째는 과학기술에 대한 비판이다. 비판자들은 우리가 거대 기업의 광고에 현혹되어 과학기술에 지나치게 의존적이 되었으며 그로 인한 윤리적, 환경적, 정치경제적 문제들을 간과하고 있다고 말한다. 항우울제의 사례를 보자. 제약회사는 프로작이 우울한 사람을 행복하게 만들어 준다고 광고한다. 이것은 첫 번째 큰 이야기이다. 그렇다면 프로작이 만든 행복은 진짜 행복인가? 과연 우울할 때 프로작을 선택하는 행위가 바람직한가? 프로작을 비판하기는 쉽다. 과연 이 사회에서 가장 우울한 사람은 누구일까? 바로 여성, 유색 인종, 가난한 사람들 또는 어떠한 이유에서든 사회적 편견에 시달리는 사람들일 것이다. 사실 그들의 우울함을 정말로 해결하려면 사회의 변화가 필요함에도 불구하고 프로작은 정치적인 해결책 대신 생물학적인 해결책만을 제시하며 오히려 진짜 원인인 사회가 변화하는 것을 막는다. 그리고 그렇게 함으로써 가장 큰 이익을 얻는 이들은 바로 거대 제약회사들이다. 따라서 프로작은 나쁜 기술이다. 여기까지가 두 번째 큰 이야기이다.

그러나 작은 이야기들은 이제부터 시작이다. 프로작은 우울증으로 고통 받는 수많은 이들의 희망일

| 프로작 광고 중 하나. "새롭게 개선된 삶", "이보다 더 좋을 순 없다", "더 상쾌하게, 더 깨끗하게", "당신의 우울함을 깨끗이 씻어라" 등의 문구가 보인다. 이야기가 커질수록 누군가에게는 거짓이 될 가능성도 높아진다.

수 있다. 그 누구도 그들에게 근본적인 해결책을 찾을 때까지 우울한 삶을 참아내라고 강요할 수는 없다. 우울증 환자들이 모두 여성이거나 유색 인종, 또는 가난한 사람인 것도 아니다. 사람들은 다양한 이유로 다양한 정도로 우울함을 경험한다. 그렇게 다양한 우울함을 위해 만들어진 프로작을 어떻게 한두 개의 큰 이야기로 설명할 수 있을까? 제약회사의 광고가 소비자의 욕구를 조장하고 있다고들 말한다. 그런데 과연 프로작을 구매하는 소비자들의 욕구 중 얼마만큼이 광고에 의해서 만들어진

욕구이고 얼마만큼이 진짜 필요에 따른 욕구인가? 답하기 힘든 질문들은 많다. 프로작을 복용하면 구체적으로 어떤 효과가 얼마나 지속되고 어떤 부작용이 어떻게 나타나는가? 프로작을 복용한 사람들은 얼마나 행복해지며 그 행복이 어떤 다른 결과를 낳는가? 서로 다른 이유와 정도로 우울증을 앓는 이들에게 부작용이나 위험은 어떻게 다르게 또는 같게 경험되는가? 프로작은 소비자나 환자에게만 문제가 아니다. 정신과 의사들에게도 프로작은 하나로 규정하기 힘든 존재이다. 프로작이 정신과 의사들의 수입을 늘려 줄 수는 있지만 그들의 의학적 권위까지 높여 주지는 않기 때문이다.

즉 우리가 두 개의 큰 이야기 사이에서 놓치고 있는 것이 프로작의 국소적이고 개별적인 효과이다. 프로작의 효과야말로 수많은 사람들이 이 약을 구매하는 이유이자 제약회사가 막대한 이익을 창출할 수 있는 이유이고, 순수한 행복과 인위적인 행복을 구분하게 된 이유이다. 만약 프로작을 가장 강하게 비판할 수 있다면 그것은 프로작이 전혀 효과가 없다는 사실을 밝히는 일일 것이다. 물론 여기에서 프로작의 효과란 제약회사에서 제공하는 그래프나 통계 수치도 아니고, 언론에서 보도되는 극단적인 부작용 사례도 아니다. 행복과 우울이 수치로 표현될 수 없고 행복에 완벽한 성공이나 실패가 존재할 수 없기 때문이다. 따라서 실제로 프로작을 구매하고 복용하며 살아가는 수많은 사람들의 일상 속에서 그것이 구체적으로 어떠한 효과를 내고 있는가가 바로 우리에게 필요한, 작지만 중요한 이야기들이다.

큰 질문이 과학기술의 효과를 숫자나 추상적인 용어로 보여주려고 한다면 작은 질문은 '누구에게,' '어떤' 효과가 '얼마나' 있는지에 관심이 있다. 중요한 것은 과학기술의 효과를 입증하는 것이 아니라 더 나은 효과를 낼 수 있게 개선하는 것이기 때문이다.[31] 프로작에 대한 작은 이야기는 어떤 사람이 그것을 어떻게 복용하였을 때 어떤 효과와 부작용이 어느 정도 나타났는가에 대한 이야기이다. 우리에게 새로운 과학기술이 필요하다면 그것은 기존의 것을 완전히 없애고 새로운 것을 탄생시키는 것이 아니라 지금의 것을 더 좋은 것으로 재생시키는 것이다. 구체적인 작은 이야기는 지금의 과학기술을 앞으로 더 좋은 과학기술로 재성장시키는 과정에서 반드시 필요하다.

사이보그는 실험 중

— 　　　　　　　과학기술학자 브라이언 웨인(Brian Wynne)은 기술을 '제멋대로(unruly)'라는 형용사로 수식한다.[32] 아무리 뛰어난 엔지니어가 설계하였다고 해도, 그리고 아무리 매

---

31 과학기술학자 안나메리 몰(Annemarie Mol)은 특히 의료 분야에서 과학기술의 새로운 효과를 입증하는 것만큼 기존의 효과를 개선시키는 노력도 필요하며 그 과정에서 과학기술에 대한 인문사회학적인 연구가 필요함을 주장한 바 있다. 이에 대한 더 자세한 논의는 Mol(2008a)을 참조하라. 몰은 또한 들 라 벨라카사와는 조금 다른 관점에서 '돌봄'의 논리를 주장하지만 선택 대 통제, 비판 대 옹호와 같은 극단적인 이분법에서 벗어나고자 한다는 점에서는 일맥상통한다. 몰의 '돌봄'에 대해서는 Mol(2009), Mol(2008b)을 참조하라.

32 '제멋대로인 기술'에 대한 자세한 논의는 Wynne(1988)을 참조하라.

뉴얼에 따라 운영한다고 해도 완벽하게 인간이 통제할 수 없는 것이 기술이다. 특히 기술적 인공물이 컴퓨터나 전력 시스템과 같이 점점 더 복잡해지고 거대해지면서 과학기술의 통제 불가능성과 예측 불가능성은 더욱 커져 왔다. 설계도의 기술과 현실의 기술은 다르다. 실험실에서 작동하는 지식과 사회에서 작동하는 지식 역시 다르다. 동일한 과학기술이라고 해도 실행의 차원에서는 다르게 작동할 수 있다. 물론 그렇다고 해서 모든 과학기술 실행이 서로 완전히 다르다는 말은 아니다. 마치 우리가 서로 다른 삶을 살지만 동시에 삶의 보편적인 측면을 공유하는 것과 같다.

과학기술 시대를 살아가는 우리 사이보그들의 삶은 매일 매일이 실험과도 같다. 예를 들어 의약품의 효과와 안정성은 공식화된 임상시험만으로 완벽하게 보장되지 않는다. 어쩌면 진정한 임상실험은 그 약이 세상 밖으로 나오면서부터 시작될 것이다. 수많은 차이를 가진 사람들이 약을 복용하면서 확률과 가능성으로 존재하였던 효과와 부작용이 실제로 드러날 것이기 때문이다. 우리는 수많은 약과 화학물질, 그리고 기계들과 함께 살아가고 있다. 그것들 중의 대부분은 특정한 안전성 기준에 의거하여 법적인 허가를 받았을 것이다. 그러나 우리는 일상에서 다양한 방식으로 다양한 기간 동안 다양한 상황에서 과학기술의 산물을 사용하고 접하게 된다. 어쩌면 과학자들이 한번도 실험해 보지 못한 방식이나 기간, 상황에서 말이다. 따라서 우리가 의식하든 그렇지 않든 우리의 일상은 통제되지 않는 실험실

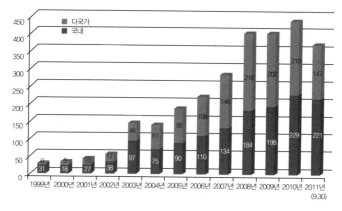

| 식품의약품안전처에서 조사한 1999~2011년의 국내 임상시험 건수. 새로운 의약품과 물질들이 세상에 등장할수록 우리의 삶은 더욱 실험적으로 된다. 공식적인 규제기관이나 임상시험이 모든 것을 입증할 수는 없기 때문이다. 최근 큰 문제가 되었던 가습기 살균제처럼 우리는 우리의 건강과 목숨을 담보로 또 다른 물질들로 실험을 하고 있을지도 모른다.

이 될 수 있다.

그러나 이 제멋대로인 실험의 시대를 사는 사이보그에게도 희망은 있다. 우리는 혼자가 아니다. 제약회사에서 만든 약은 여러 사람에게 팔리고 생활용품업체에서 만든 표백제 역시 수많은 가정에서 사용된다. 그런 의미에서 우리의 삶은 집단적 실험의 일부이다. 그 어떤 국가나 연구소에서도 할 수 없는 규모와 다양성을 가진 실험이다. 그렇다면 우리가 해야 하는 일은 작은 실험 결과들을 모으는 일일 것이다. 유능한 과학자들이 꼼꼼히 실험 과정을 기록하듯이, 우리도 우리 실험의 가설과 결과를 구체적으로 기록하고 공유해야 한다. 역사 속에서 '성공'이라는 이름으로 기억되는 많은 실험들은 사실 그보다 훨씬 더 많은 실패가 있기에 성공할 수 있었다. 지금까지 과학자들이 수많은 시행착오와 개선을 거쳐 새로운 존재와 지식을 만들어 냈던 것처럼 우리도 일상의 실험을 통해 새로운 사회와 과학기술을 만들어 낼 수 있다. 아니 꼭 새롭지 않아도 좋다. 오늘보다 더 나은 내일을 만드는 것으로 충분하다. 작은 실패와 성공의 이야기들은 서로 접속하고 연결될 수 있기 때문에 큰 이야기로는 상상할 수 없는 가능성을 만들어 낼 수 있다.

우리는 지금 실험 중이다. 스턴-게를라흐 실험의 '시가'처럼 전혀 생각하지도 못한 존재들이 우리의 실험을 성공으로 이끌 수도 있다. 분명한 것은 지식이나 이념만으로 그러한 존재를 발견할 수 없다는 사실이다. 더 좋은 과학기술, 더 좋은 세상을 만드는 방법은 누군가의 삶 속에 이미 존재하고 있다. 따라서 우리는 더 많은 사람들과 우리의 경험을 공유해야 한다. 과학기술에 대한 경험을 이야기하는 것은 우리의 삶을 이야기하는 것과 같다. 과학기술을 돌보는 것은 나와 타인의 삶을 돌보는 것과 같다. 그래서 과학기술의 시대를 살아가는 사이보그들에게 필요한 것은 멀리 있는 타인의 삶을 비판하고 재단하는 '크지만 약한' 기록이 아니라 자신과 타인의 삶을 돌보는 과정에서 마주치게 된 존재와 경험에 대한 '작지만 강한' 기록이다.

참고문헌

김환석(2006), 『과학사회학의 쟁점들』, 문화과 지성사.

임소연(2011), 「여성의 기술과학 실행에 대한 기술-과학적 방식의 생각하기: 바라드의 행위적 실제론적 관점에서」, 『과학기술학연구』, 11: 97~119.

홍성욱(2004), 『과학은 얼마나』, 서울대학교 출판부.

Barad, Karen(1998), "Getting Real: Technoscientific Practices and the Materialization of Reality", *Differences: A Journal If Feminist Cultural Studies*, 10: 87-128.

―――― (2007), *Meeting The Universe Halfway: Quantum Physics and the Entanglement of Matter and Meaning*, Durham and London: Duke University Press.

―――― (2011), "Erases and Erasures: Pinch's Unfortune 'Uncertainty Principle'", *Social Studies of Science*, 41: 443~454.

Brush, Pippa(1998), "Metaphors of Inscription: Discipline, Plasticity and the Rhetoric of Choice", *Feminist Review*, 58: 22~43.

Casper, Monica J.(1994), "Reframing and Grounding Nonhuman Agency: What Makes a Fetus an Agent?", *American Behavioral Scientist*, 37: 839~856.

Clynes, Manfred and Kline, Nathan(1960), "Cyborgs and Space", *Astronautics*, September: 26~27; 74~76.

de la Bellacasa, Maria Puig(2009), "Touching technologies, touching visions. The reclaiming of sensorial experience and the politics of speculative thinking",

Subjectivity, 28: 297~315.

──── (2011), "Matters of care in technoscience: Assembling neglected things", *Social Studies of Science*, 41: 85~106.

Faulkner, Wendy(2000), "Dualisms, Hierarchies and Gender in Engineering", *Social Science of Science*, 30: 759~792.

Grenville, Bruce(ed.)(2001), *The Uncanny: Experiments in Cyborg Culture*, Vancouver Art Gallery: Arsenal Pulp Press.

Handlarski, Denise(2010), "Pro-creation- Haraway's 'regeneration' and the Postcolonical Cyborg Body," *Women's Studies*, 39: 73~99.

Harding, Sandra(1986), 『페미니즘과 과학(*The Science Question in Feminism*)』, 이재경·박혜경 옮김, 이화여자대학교 출판부, 2002.

Haraway, Donna(1991), 『유인원, 사이보그, 여자: 자연의 재발명(*Simians, Cyborgs, and Women: the Reinvention of Nature*)』, 민경숙 옮김, 동문선, 2002.

──── (1997), *Modest_Witness@Second_Millennium. FemaleMan_Meets_OncoMouse*, New York: Routledge.

──── (2012), "Awash in urine: DES and PRemarin in multispecies response-ability," *Women's Studies Quarterly*, 40: 301~316.

Hird, Myra J.(2003), "New Feminist Sociological Directions", *Canadian Journal of Sociology*, 28: 447~462.

Latour, Bruno(2004), "How to Talk About the Body? the Normative Dimension of Science Studies", *Body & Society*, 10: 205~229.

──── (2007), "Can We Get Our Materialism Back, Please?" *Isis*, 98: 138~142.

──── (2010), 『인간, 사물, 동맹: 행위자네트워크이론과 테크노사이언스』, 홍성욱 옮김, 이음.

──── (2012), 『브뤼노 라투르의 과학인문학 편지(*Cogitamus: Six lettres sur les humanites scientifiques*)』, 이세진 옮김, 사월의책.

Lohan, Maria(2000), "Constructive Tensions in Feminist Technology Studies",

Social Studies of Science, 30: 895~916.

Mellstroem, Ulf(2002), "Patriarchal Machines and Masculine Embodiment", *Science, Technology and Human Value*, 27: 460~478.

Mol, Annemarie(2008a), "Proving or Improving: On Health Care Research as a Form of Self-Reflection", *Qualitative Health Research*, 16: 405~414.

────── (2008b), *The Logic of Care*, London and New York: Routledge.

────── (2009), "Living with Diabetes: Care Beyond Choce and Control", *The Lancet*, 373: 1756~1757.

Singleton, Vicky(1996), "Feminism, Sociology of Scientific Knowledge and Postmodernism: Politics, Theory and Me", *Social Studies of Science*, 26: 445~468.

Star, Susan Leigh(1991), "Power, technology and the phenomenology of conventions: on being allergic to onions", in Law, John ed., *A Sociology of Monsters: Essays on Power, Technology and Domination*, London: Routledge.

────── (1995), "Epilogue: Work and Practice in Social Studies of Science, Medicine, and Technology", *Science, Technology, and Human Values*, 20: 501~507.

Thompson, Charis(1996), "Ontological Choreography: Agency through Objectification in Infertility Clinics", *Social Studies of Science*, 26: 575~610.

────── (2005), *Making Parents: The Ontological Choreography of Reproductive Technologies*, Cambridge and London: The MIT Press.

van Kammen, Jessika(1999), "Representing Users' Bodies: The Gendered Development of Anti-Fertility Vaccines", *Science, Technology and Human Values*, 24: 307~337.

Wajcman, Judy(2004), *Technofeminis*, Cambridge: Polity Press.

Whelan, Emma(2001), "Politics by Other Means: Feminism and Mainstream

Science Studies", *Canadian Journal of Sociology*, 26: 535~581.

Wiener, Nobert(1949), *Cybernetics: On Control and Communication in the Animal and the Machine*, Cambridge, MA, and New York: Technology Press and John Wiley.

Wynne, Brian(1988), "Unruly Technology: Practical Rules, Impractical Discourses and Public Understanding", *Social Studies of Science*, 18: 147~167.

과학기술의 시대
사이보그로 살아가기

1판 1쇄 펴냄 | 2014년 5월 25일

지은이 | 임소연
발행인 | 김병준
발행처 | 생각의힘

등록 | 2011. 10. 27. 제406-2011-000127호
주소 | 경기도 파주시 회동길 37-42 파주출판도시
전화 | 070-7096-1331
홈페이지 | www.tpbook.co.kr
티스토리 | tpbook.tistory.com

공급처 | 자유아카데미
전화 | 031-955-1321
팩스 | 031-955-1322
홈페이지 | www.freeaca.com

ISBN 979-11-85585-01-7 94130